중력파

아인슈타인의 마지막 선물

중력파 아인슈타인의 마지막 선물

© 오정근, 2016, Printed in Seoul, Korea

초판 1쇄 펴낸날   2016년 2월 29일
초판 10쇄 펴낸날   2022년 11월 28일
지은이   오정근
펴낸이   한성봉
편집   안상준·박소현·이지경
표지디자인   유지연
본문디자인   박은정
마케팅   박신용·오주형·강은혜·박민지·이예지
경영지원   국지연·강지선
펴낸곳   도서출판 동아시아
등록   1998년 3월 5일 제1998-000243호
주소   서울시 중구 퇴계로 30길 15-8 [필동 1가 26]
페이스북   www.facebook.com/dongasiabooks
전자우편   dongasiabook@naver.com
블로그   blog.naver.com/dongasiabook
인스타그램   www.instagram.com/dongasiabook
전화   02) 757-9724, 5
팩스   02) 757-9726

ISBN   978-89-6262-131-0   93420
이 도서의 국립중앙도서관 출판예정도서목록(CIP)은 서지정보유통지원시스템 홈페이지(http://seoji.nl.go.kr)와 국가자료공동목록시스템(http://www.nl.go.kr/kolisnet)에서 이용하실 수 있습니다.
(CIP제어번호: CIP2016004141)

중력파를 찾는 LIGO와 인류의
아름다운 도전과 열정의 기록

중력파

아인슈타인의 마지막 선물

오정근 지음

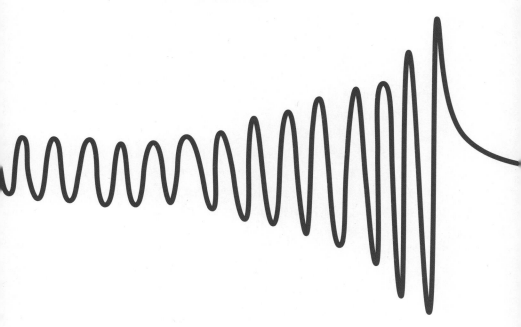

동아시아

아인슈타인은 1915년에 일반상대론을, 그 이듬해에는 중력파의 존재에 관한 논문을 연이어 발표한다. 요즘 나오는 웬만한 상대론 교과서에는 중력파 이야기가 일찌감치 등장하지만 초창기에는 아인슈타인마저도 중력파에 대해서는 상당한 혼란을 겪었던 것으로 알려져 있다.

미국의 천문학자인 조지프 테일러와 러셀 헐스에 의해 1976년에 발견된 쌍성 펄서는 1993년 이들에게 노벨상을 안겨주었고 간접적으로나마 중력파의 존재를 정밀하게 검증할 수 있게 해주었지만, 그동안 중력파는 직접 검출된 바는 없었다. 이론적으로 예측된 현상 가운데 실험적으로 100년 가까이 직접 검증되지 않은 것은 매우 드문 일이다. 중력파에 대한 이론적인 논쟁이 끝나고 중력파를 직접 검출하기 위한 노력은 지난 반세기 넘게 끊임없이 이루어져왔다. 마침내 100년 만에 그 결실을 맺었으며, 이제야 비로소 인류가 우주를 명쾌하게 이해할 수 있는 새로운 시대를 목전에 두게 되었다.

중력파 연구 과정은 그야말로 우여곡절의 연속이었다고 해도 과언은 아니다. 오정근 박사는 『중력파, 아인슈타인의 마지막 선물』에서 학자들 사이에서 수없이 많이 벌어진 논쟁과 중력파 검출을 위한 연구 과정을 그야말로 한 권의 소설 같은 책으로 재구성했다. 나는 이 책의 원고를 받아 들고 저녁 식사 후 천천히 읽기 시작했는데 내용이 너무 흥미로워 끝까지 다 읽은 후에야 잠자리에 들 수 있었다. 수많은 자료와 문헌을 조사했기 때문에 이런 훌륭한 책이 나올 수 있었을 것이다. 게다가 최신 검출기 프로젝트에 저자가 직접 참여하면서 겪은 생생한 이야기까지 포함되어 있어, 이 책에는 현재 진행형의 이야기가 살아서 움직이고 있다.

중력파는 관련 학자들의 예측대로 마침내 발견되었다. 몇 달 전에 지구에 도달한 중력파를 LIGO라 불리는 검출기가 놓치지 않은 것이다. 이는 인간에서 우주를 볼 수 있는 새로운 창문이 생겼다는 것을 의미하기도 한다. 이 책은, 지난 100년 가까운 세월 동안 수많은 토론과 논쟁의 대상이 되었고 기술혁신을 통해서 상상을 초월하는 정밀 측정이 가능하게 된 이후에야 비로소 손에 잡혀가고 있는 중력파라는 신비로운 현상을 추적해 나가는 인류의 지적 활동에 대한 기록이다. 책을 덮는 순간 경외감과 감동이 밀려올 것이다.

_이형목(서울대학교 물리천문학부 교수, 한국중력파연구협력단장, 국가과학자)

이 책은 중력파 검출장치의 역사를 선구자인 웨버에서 와이스, 그리고 킵 손에 이르기까지 개념의 변화와 반전을 포함하여 일반인들이 재미있게 이해할 수 있게 기술하고, 현재 가동 중인 장치인 '어드밴스드 라이고'에 대한 구체적인 설명을 담고 있다. 또한 이 책은 우주의 진화와 구조 그리고 중력에 관해 아직까지도 수수께끼로 남아 있는 근본적인 문제들을 소개하고, 해답의 단서를 줄 수 있는 중력파 천체물리학이라는 새로운 분야가 열리는 전환기적 시대를 예고하고 있다.

_이현규(한양대학교 물리학과 교수)

국제중력파 연구단의 일원으로 함께 활동하고 있는 오정근 박사의 『중력파, 아인슈타인의 마지막 선물』을 독자들에 앞서 먼저 읽는 특권을 누렸다. 중력파 우주 관측 시대가 도래하고 있는 이때 중력파의 시작과 현재 그리고 미래를 심도 있게 소개한 국내 최초의 책이 탄생한 점이 매우 반갑다. 책 속에서 미처 몰랐던 많은 선배 동료들의 노력과 에피소드를 접할 수 있어서 너무 좋았다. 저자가 국제 중력파 연구를 직접 수행하고 있는 만큼 내용이 매우 충실한 점이 이 책의 가장 큰 장점이다. 현대 천체물리학에 관심이 있는 모든 독자들도 중력파 우주 관측 시대가 열리고 있는 장면을 함께 목격할 수 있기를 희망한다.

_이창환(부산대학교 물리학과 교수)

중력파 검출 실험의 선구자인 웨버는 1990년대 초반 미국의 수도 워싱턴 근교 메릴랜드대학의 물리학과 교수였다. 뿔테 안경을 쓴 인자한 할아버지의 모습이었지만, 말이 많지 않았고 얼굴 한구석엔 뭔가 모를 외로움과 고집이 항상 자리 잡고 있어 중력을 공부하는 한국의 한 유학생에게는 오래도록 의문으로 남아 있었다. 20여 년이 지난 최근 『중력파, 아인슈타인의 마지막 선물』을 읽고 나서야 비로소 그 의문의 근원을 알 수 있었다. 1960년대부터 현재까지 진행되고 있는 중력파 검출 실험의 역사와 그에 얽힌 과학자들의 야망과 좌절, 고집과 처절한 갈등을 실감나게 풀어놓았다. 또한 중력파의 정의, 중력파 검출의 과학적 의의, 파급효과 그리고 중력파 천문학과 같은 풍부한 과학적 잠재력을 알기 쉽고 재미있게 설명했다. 현대 과학 최첨단 분야의 하나인 중력파에 대해 알 수 있는 좋은 책이니 일견하여 아인슈타인의 마지막 선물을 받아보기를 권한다.

_강궁원(KISTI 슈퍼컴퓨팅연구소 책임연구원)

2016년은 아인슈타인의 일반상대성이론 탄생 100주년을 기념하는 해입니다. 이 기념비적인 해에 과학계에서는 중요한 두 가지 사건이 있었고 큰 주목을 받았습니다. 그 두 가지는 모두 일반상대성이론이 예측하고 있지만 오늘날까지 명확하게 입증되지 못했던 '중력파'라 불리는 중력이 발생시키는 파동의 직접적인 검출을 위한 것이었습니다. 첫 번째 사건은 2015년 12월 3일에 우주 기반의 중력파 검출 위성인 'e-리사_{eLISA}' 프로젝트의 길잡이 위성_{pathfinder satellite}이 성공적으로 발사된 것이며, 이 위성은 현재 우주 기반 중력파 탐사를 위한 전초임무를 수행 중에 있습니다. 두 번째는 더욱 놀라운 사건으로, 2015년 9월 18일 5년간의 업그레이드를 마치고 관측을 시작한 지상 기반의 중력파 관측소인 어드밴스드 라이고 advanced LIGO가 마침내 중력파의 직접 검출에 성공했다는 것입니다.

중력파는 아인슈타인이 1915년에 일반상대성이론을 발표한 직후 그 존재가 이론적으로 예견되었습니다. 전자기파가 전하를 띤 물체가 진동할 때 발생하는 것처럼, 중력파는 질량을 가진 물체가 진동을 할 때 시공간에서 전파되는 파동입니다. 전자기파의 발견이 맥스웰의 이론으로 정립된 지 30년도 채 되지 않아서 헤르츠에 의해 실험적으로 발견된 것에 비해, 아인슈타인의 이론이 예측한 지 100년이 되어서야 비로소 검출에 성공한 것은 그만큼 그 파동의 세기가 약하고 검출이 어렵기 때문입니다.

　그러나 그 파동의 존재는 이미 오래전에 간접적으로 밝혀졌습니다. 1973년에 발견된 '헐스-테일러 펄서Hulse-Taylor Pulsar'라 불리는 주기적으로 맥동하는 전파를 발생하는 중성자별 쌍성은 서로를 공전함에 따라 중력파를 방출하면서 에너지를 잃고 그 공전주기가 짧아져서 최종적으로는 두 별이 합쳐져서 하나의 별이 될 것으로 예측되었습니다. 이 펄서가 중력파를 방출함에 따라 공전주기가 줄어드는 현상을 30년간 관측한 결과, 아인슈타인의 일반상대성이론의 예측과 비교하여 0.1퍼센트 내외의 오차로 매우 정확하게 일치함을 보여주었습니다. 또한 이것이 중력파의 방출로 인한 결과라는 사실을 입증하는 명백한 중력파 존재의 간접적인 증거가 되었습니다. 물론 이 결과 이전에도 중력파의 존재를 직접적으로 밝히고자 하는 시도들이 있었고, 오늘날에는 이를 위한 전 세계적인 노력이 지속되고 있습니다. 조지프 웨버Joseph Weber에 의해 시작된 이 실험적 도전은 전 세계에 '중력파 검출기' 건설의 경쟁을 가져왔고, 이 노력과 도전은 오늘날까지 국제 거대과학이라는 모습으로 이어지고 있습니다.

　중력파 검출 실험은 아인슈타인의 일반상대성이론이 예측하는 결과를 입증할 마지막 실험적 도전입니다. 중력파의 최초 검출은 100년간 인류가 도전해왔으나 성공하지 못했던 과학적 발견에 종지부를 찍는 역사적인 사건이 되었습니다. 그러나 중력파의 검출은 '최초의 발견이라는 영예'보다 더욱더 가치와 잠재력을 가지는 사건입니다. 그것은 바로 '중력파 천문학gravitational-wave astronomy'이라는 새로운 학문의 지평을 여는 일입니다. 중력파는 일반상대성이론을 단순히 검증하는 사건이 아니라 중력파를 통해서 인류가 우주를 바라보는 새로운 창window을 가지게 됨을 의미하는 것입니다. 이미 인류는 전자기파의 발견을 통해서 전파를 이용함으로써 광학천문학의 시대와 더불어 전파천문학의 시대를 열면서 우주를 이해하는 더욱 풍부하고 심오한 정보들을 얻기 시작했습니다. 이처럼 중력파가 이용되는 새로운 천문학은 전파의 영역이 미치지 못하는 우주 초기나 강한 중력의 환경에서 발생하는 물리학과 천문학에 유용하고 방대한 데이터들을 우리에게 가져다줄 것으로 기대하고 있습니다.

이 책에서는 아인슈타인이 예측한 중력파와 그 중력파의 직접적인 검출을 위한 수십 년간의 인류의 노력에 대해 소개하고자 합니다. 중력파와 관련된 자세하고 직접적인 소개와 저술은 필자가 알기에는 국내에서는 처음으로 시도된 것입니다. 그동안 여러 논문집과 학술지 등에 수차례 게재된 중력파에 관한 소개글들은 일반 대중과 학생들에게는 다가가기 어려운 다소 전문적인 내용의 것들이었습니다. 그리고 대중 과학잡지 등에 소개된 좋은 글들도 있었으나 한정된 지면으로 인해 이 거대한 인류의 도전의 역사와 여정을 충분히 전달하기에는 무리가 있었습니다. 이 때문에 필자는 수년전부터 이러한 필요성을 충분히 공감해왔고 집필을 위한 자료를 모아왔습니다.

원래의 계획은 중력파 검출 실험을 수행하고 있는 라이고 과학협력단LSC, LIGO Scientific Collaboration을 지난 십수 년간 지척에서 관찰하며 기록한 것들을 저술로 남긴 저명한 사회학자인 해리 콜린스Harry Collins의 저작 『중력의 그림자Gravity's Shadow』를 번역하여 소개할 생각이었습니다. 이 저작은 라이고 과학협력단 그리고 조지프 웨버와 일련의 중력파 검출 실험단과 교류하며, 그 과학적 성취를 위하여 어떻게 과학자들이 집단적으로 연구와 연구협력을 꾀하고 있는지를 사회학적으로 분석하고자 한 저술입니다. 즉, 일반 대중에게 과학적 사실을 소개하는 대중 과학서적의 목적보다는 사회학적 분석에 대한 가치에 비중을 둔 책입니다.

해리 콜린스는 첫 저작인 『중력의 그림자』에 이어, 라이고 과학협력단의 두 건의 중요한 사건인 '추분점 이벤트Equinox Event'와 '빅 독 이벤트Big Dog Event'를 역시 사회학적 관점에서 기술한 『중력의 유령과 빅 독 Gravity's Ghost and Big Dog』을 출간했습니다. 이 두 권의 저서를 탐독하고 번역하여 소개하려던 필자의 생각은 이 저서를 읽고 번역하던 도중 바뀌었습니다. 해리 콜린스의 사회학적 분석을 담은 저작을 직접 번역하는 것은 중력파 검출 실험과 그 과학적 노력을 중심으로 일반 대중에게 소개하려던 필자의 목적과 달랐기 때문입니다. 차라리 일련의 자료들을 더 수집하고 소화하여 필자가 의도하던 방향으로 직접 써 내려가는 편이 좋겠다고 생각했습니다.

이렇게 시작된 필자의 새로운 저술에서 해리 콜린스의 저작은 아주 훌륭한 참고도서가 되었습니다. 함께 의기투합하며 해리 콜린스 저작의 완역을 결의했었던 필자의 후배에게는 다소 미안한 마음이 있지만, 앞선 저작의 완역이 앞으로 결실이 있게 된다면 분명 사회학적으로도 가치 있는 중요한 역작이 될 것으로 기대합니다.

최근 '바이셉2BICEP2'라는 남극의 관측실험의 결과가 국내에서도 충분히 화제가 되었고, 대중에게도 중력파가 더 이상 낯설지 않은 용어가 되었습니다. 중력파가 큰 화제의 중심이 될 수 있으나 그것에 대해 충분히 대중의 호기심을 충족시켜줄 만한 자료들이 없다는 것은 아쉽습니다. 영화 〈그래비티〉와 〈인터스텔라〉 개봉의 열풍으로 '중력'이라는 개념이 점차로 친숙해졌습니다. 〈인터스텔라〉의 시나리오 및 과학자문을 담당한 킵 손Kip Thorne 교수가 국내에서도 그 이름을 알리기 시작했고, 그가 이 중력파 검출 실험을 미국에 제안한 라이고 프로젝트의 제안자 중 한 사람이었다는 사실도 알려지기 시작했습니다. 이러한 일련의 분위기로 이제 중력파에 대해 본격적으로 소개하기에 충분히 시기가 무르익었다고 생각합니다. 필자가 수개월간 준비한 자료를 토대로 초고를 완성하는 데에는 단지 일과 후에 투자를 하는 시간으로도 단 두 달이면 충분했습니다. 밤잠을 설치고, 위궤양을 겪으면서도 그 시간들을 즐겁게 느낄 수 있었던 데에는 바로 '설렘'이 있었기 때문이었습니다. 그 '설렘'은 바로 이 책을 읽는 독자들과 앞으로 수년 내에 다가올 중력파 천문학의 발견을 향유할 수 있게 된다는 그런 '설렘'이었습니다. 그 역사적인 사건의 흥분을 함께 느끼게 될 순간에 이 책이 도움이 되었으면 합니다.

책에 사용된 라이고와 관련된 그림과 사진의 사용을 허락해준 라이고 실험실LIGO Laboratory과 라이고 핸퍼드 관측소LIGO Hanford Observatory의 데일 잉그램Dale Ingram, 라이고 대변인인 가브리엘라 곤잘레즈Gabriela Gonzalez 교수님, 그리고 웨버의 바 검출기와 관련된 사진을 제공해주신 메릴랜드 대학교의 백호정 교수님과 피터 쇼한Peter Shawhan 교수님, 카그라 검출기의 그림 사용을 허락해준 도쿄대학교의 신지 미요키Shinji Miyoki 군과 세이지 가와무라Seiji Kawamura 교수님께 감사의 말을 전합니다. 아인슈타인 망원경의 멋진 개념도의 사용을 기꺼이 허락해주신 네덜란드 국립 핵-고에너지 물리연구소의 조 반 덴 브랜드Jo van den Brand 교수님께도 고마움을 전합니다.

책의 초고를 읽고 값진 조언을 해주었던 한양대학교의 이기혁 박사님과 한국과학기술정보연구원의 강궁원 박사님, 한국중력파연구협력단장이신 서울대학교의 이형목 교수님, 한양대학교의 이현규 교수님, 부산대학교의 이창환 교수님, 책의 출간에서부터 다방면으로 조언을 아끼지 않으셨던 경상대학교의 이강영 교수님께 진심 어린 감사의 말씀을 전합니다. 그리고 원고를 꼼꼼히 읽어준 부산대학교의 김영민 박사님께 고마움을 전하고자 합니다. 일반 독자의 입장에서 흥미롭게 원고를 읽어주시고 조언을 해주신 부산대학교 유순영 박사님께 역시 고마움을 전합니다. 천문학의 용어와 개념에 대해 함께 토론해주시고 조언해주신 한국천문연구원의 안상현 박사님, 국가수리과학연구소의 오상훈 박사님께도 감사드립니다. 이 글의 출판을 흔쾌히 허락해주시고 출간에 힘써주신 동아시아 출판사의 한성봉 대표님, 안상준 팀장님, 그리고 직원 여러분께 감사드립니다. 마지막으로 독자의 입장에서 초고를 읽고 조언과 함께 격려를 아끼지 않았던 아내에게 특별한 고마움을 전합니다.

2016년 2월
대전 유성에서
오정근

차례

이 책에 쏟아진 찬사들 004

머리말 006

프롤로그 015

제1장 시공간의 물결─────────────

1. 중력, 뉴턴과 아인슈타인 025

2. 일반상대성이론의 영광의 순간들 031

3. 중력파의 존재와 일반상대성이론 038

4. 중력파란 무엇인가? 041

5. 발견, 그리고 존재의 확인 047

6. 중력파는 어디에서 오는가? 053

제2장 중력파, 마지막 유산을 찾아서─────────────

1. 역사의 시작: 웨버 검출기 065

2. 선구자적인 실험과 발견 069

3. 비판, 논란, 그리고 제국의 몰락 075

4. 치유와 기회: 차세대 아이스 바 081

5. 초신성 086

6. 몰락한 제국의 유산 090

7. 수많은 도전들 096

제3장 레이저 전쟁─────────────

1. 새로운 시작의 준비: 바를 넘어서 105

2. 준비된 기술과 야심 찬 도전 110

3. 비판을 넘어서 123

4. 건설, 과학을 위한 비과학 128

제4장 끝나지 않은 도전, 라이고

1. 레이저 간섭계라면 가능할까? 135

2. 건초 더미에서 바늘 찾기 146

3. 10년, 그리고 조금만 더 154

4. 전 지구적 네트워크가 필요하다 160

5. 두 번의 흥분 171

6. 자, 이제 준비가 되었다 182

제5장 아인슈타인의 마지막 선물

1. 매우 흥미로운 이벤트 189

2. 발견의 공식 선언 194

3. 과연 진짜 중력파인가? 198

4. 100주년 이벤트와 제1 관측가동 207

5. 마지막 선물, 새로운 시작 215

제6장 새로운 천문학의 시대

1. 역사의 교훈 223

2. 새로운 천문학과 물리학의 시작 230

3. 차세대 중력파천문대로 244

4. 한국의 중력파 연구 252

에필로그 258

주 268

부록 273

찾아보기 287

일러두기

1. 책에 기술된 물리학과 천문학 용어는 『한국물리학회 용어집』과 『한국천문학회 용어집』을 참고했다.

2. 위의 두 책에 수록되어 있지 않은 전문용어는 위키피디아에 사용된 용어의 표기를 따랐다.

3. 인명의 표기도 위키피디아에 사용된 표기를 따랐다.

4. 일반용어의 경우 가급적 한글용어를 사용했다. 또한 적절한 번역이 존재하지 않거나 그 용어가 전문용어로서 가치가 있다고 판단한 경우는 원어를 그대로 한글로 표기했다.

5. 본문 중 조금 더 자세한 설명이 필요한 경우 각주로 표기했다.

6. 참고문헌 및 출처는 미주로 표기했다.

7. 책에 수록된 도판은 해당 저작권자의 사용허가를 얻은 사진과 그림을 사용했다. 따로 출처를 명기하지 않은 사진과 그림은 자유로운 사용권한을 가지고 있거나, 저자가 직접 제작한 그림 및 촬영한 사진이다.

중력, 피할 수 없는 존재의 무거움

중력重力, gravity은 우리에게 너무나 친숙하지만 또 한편으로는 너무도 신비로운 힘이다. 우리는 누구나 중력의 영향을 받고 살고 있으며 아주 특수한 경우를 제외하고는 그 영향에서 벗어날 수 없다. 그 특수한 경우라면 우리가 엘리베이터를 타고 있는 동안이거나 우주비행사가 되어 무중력을 체험하거나 하는 정도이다. 하지만 이 역시도 모두 중력장이라는 테두리 안에서 일어나는 아주 특별한 체험 정도이지 우리가 중력과 완전히 떨어져서 살 수는 없다는 의미이다.

중력이 신비로운 이유는 다른 자연계에 존재하는 세 가지 힘과 너무도 다른 특징을 가지고 있다는 점이다. 잘 알려져 있다시피 자연계의 기본적인 네 가지 힘은 중력, 전자기 상호작용electromagnetic interaction, 약한 상호작용weak interaction, 강한 상호작용strong interaction이다. 필자가 여기서 다른 세 가지 힘에 '힘'이라는 용어 대신 '상호작용'이라는 용어를 붙인 것은 의도적인 것이다.* 힘을 표현하는 관점에서 물질과 물질 간의 상호작용이 두 물체가 서로 힘을 주고받는 것처럼 보이게 한다는 뜻을 빌려온 것이다. 마치 두 사람이 서로 같은 거리를 유지하면서 야구공을 주거니 받거니 하면서 캐치볼을 하고 있다면 그 둘을 아주 멀리서 바라보는 사람은 야구공이 그 두 사람을 떨어지지 않도록 묶고 있다고 생각할 것이다. 이런 식으로 두 사람을 인력으로 묶어두는 힘을 매개하는 입자가 존재하고 그것이 힘이 전달되는 방식이라고 해석하는 관점이 있다. 물리학자들은 이러한 관점으로 앞에서 서술한 다른 세 가지 힘을 설명하는 데 성공을 거두었다. 전자기 상호작용은 광자photon라는 매개입자에 의해 전달되고, 약한 상호작용은 더블유, 지 보손W, Z boson**이라는 입자를 통해, 강한 상호작용은 글루온gluon이라고 하는 매개입자를 통해 힘이 전달된다는 것이 밝혀졌다.[1]

이 세 가지 힘 중 가장 먼 거리에도 작용하는 유일한 힘은 전자기 상호작용이다. 그 힘을 매개하는 입자인 광자는 질량을 가지고 있지 않다. 따라서 힘이 도달할 수 있는 거리는 멀리까지 작용한다. 반면 강한 상호작용과 약한 상호작용은 그 힘을 매개하는 입자들이 질량을 가지고 있기 때문에 그 힘이 도달하는 거리는 아원자 수준의 스케일에 국한되어 있다. 전자기 상호작용이 먼 거리까지 미치는 힘이라는 성질은 중력과 유

---

* 필자의 주관적 의도에 의한 표현이 아닌 아원자 구조에서 전달되는 힘을 표현하는 개념이다.

** 보손은 힘을 전달하는 입자로서 정수(0, 1)의 스핀을 가진다. 반면 전자, 쿼크 등과 같이 페르미온fermion은 물질을 구성하는 입자로 1/2의 스핀을 가진다.

사하다. 그러나 전자기 상호작용은 전하charge에 의해 발생하는 힘이다. 즉, 양전하(+)와 음전하(-)의 두 극성이 있어서 극성의 조합에 따라 끌어당기기도 하고 밀쳐내기도 한다.

전자기 상호작용의 힘의 크기는 쿨롱의 법칙Coulomb's law에 의해 기술되는데, 두 전하의 크기의 곱에 비례하고 두 전하 사이의 거리의 제곱에 반비례한다. 뉴턴의 중력이론이 기술하는 두 물체의 질량의 곱에 비례하고 두 물체의 거리의 제곱에 반비례하는 모양새가 전하와 질량의 차이를 제외하면 똑같다. 그러나 전자기 상호작용이 전하의 곱에 비례하는 성질과 중력이 나타내는 성질에는 차이가 있다. 질량을 가진 물질 사이에 작용하는 중력은 음의 질량negative mass을 상정할 수 없다는 것이 큰 차이이다. 따라서 중력은 언제나 잡아당기는 인력만이 작용한다.

그러나 음의 질량에 대한 사람들의 관심을 상상 속에서 멀어지게 할 수는 없었다. 현실에 존재하지 않다 하더라도 '만약 음의 질량이 있다면…'이라는 호기심을 충족시키기에 그 상상의 씨앗은 충분히 매력적인 것이었다. 이런 이유로 음의 질량(혹은 음의 에너지)에 대한 이론적 탐구는 오래전부터 이론가들의 주된 연구 주제였다.[2] 그러나 왜 중력은 오로지 인력만 작용하는가라는 질문은 여전히 우리가 중력이라는 힘에 대한 본질적 이해가 부족하기 때문으로 생각할 수 있다.

최근에 화제가 된 영화 〈인터스텔라Interstellar〉(2014)나 그보다 훨씬 이전에 천문학자 칼 세이건Carl Sagan)(1934~1996)의 소설을 영화화한 〈콘택트Contact〉(1997) 등에 등장하는 웜홀wormhole을 통한 여행과, 〈스타트렉Startrek〉(2009, 2013) 등에 등장하는 항성 간의 이동을 위한 고속 추진 장치인 워프항법warp drive, 그리고 〈빽 투 더 퓨처Back to the Future〉(1985) 등에서
의 시간여행time travel 등은 음의 질량 혹은 음의 에너지가 존재할 때 인류
가 얻게 될 과학 기술적 혜택에 대한 소망을 담은 상상력의 소산일지도
모른다.

　　현대 물리학은 앞선 세 가지 힘에서처럼 중력을 매개입자로서 기술
하고자 했고, 이러한 시도는 현재까지도 진행 중이다. 중력은 본질적으
로 다른 세 가지 힘과는 다른 힘이었기에 하나의 이론으로 잘 융화되지
못했고, 이를 해결하기 위한 여러 가지 이론적 시도들이 이어져오고 있
었다. 그러나 오늘날까지도 중력을 포함한 자연계의 네 힘의 통일적 기
술은 이론물리학의 숙제로 남아 있다. 최근 우리 우주가 가속팽창을 하
고 있다는 발견*을 통해 밝혀진 사실은 우리 우주의 대부분이 암흑에너
지dark energy라는 정체불명의 물질이 차지하고 있다는 것이다. 암흑에너지
는 에너지 조건을 위반하는 정체를 알 수 없는 에너지로 이러한 것들이
우주의 대부분을 차지하고 있고, 우주를 구성하는 물질들 중 우리가 이
해하고 있는 물질은 단지 4퍼센트에 지나지 않는다는 사실을 밝혀주었
다. 즉, 우리가 현재 가지고 있는 중력의 이론을 통해 알 수 있는 것은 극
히 일부에 불과하다.

　　아주 오랜 역사에서부터 인류는 중력의 지배에서 벗어나고자 하는

---

*　1998년 솔 펄머터Saul Perlmutter와 브라이언 슈미트Brian Schmidt, 애덤 리스Adam Riess의 먼
거리 초신성 관측을 통해 밝혀진 '우리 우주의 가속팽창'의 증거. 이 업적으로 2011년 노벨 물리학상
을 받았다.

꿈을 꾸었다. 그 희망의 한편이 하늘을 자유롭게 나는 것이었고, 그리스 신화의 이카루스Icarus의 날개 역시 인류가 가진 그러한 소망의 일환이었다. 근대에 이르러 라이트 형제가 하늘을 날기 시작했고, 근현대의 다양한 비행을 위한 장비들(기구, 글라이더, 비행기 등)은 우리가 여실히 중력의 지배를 받으며 살고 있으며 그것을 극복하기 위한 꿈을 실현하는 문명의 일환이라 봐도 무방하다. 현대 문명에서 인류는 과학 문명의 힘을 입어 중력의 지배를 일부나마 극복했으나, 여전히 그 지배에서 벗어나거나 자유롭지는 못하다. 중력이라는 힘의 본질을 완전히 이해하고 있지 못하기 때문에, 우리가 SF영화에서 보는 워프 항법이나 웜홀을 통한 여행을 하는 것처럼 중력을 완전히 지배하고 자유롭게 생활할 수 있는 것은 현실에서는 이루어질 수 없는 일이다.

중력이라는 힘에 대한 이해는 현대에 와서 아인슈타인의 일반상대성이론*에 의해 정립되었다. 이 이론이 우리의 관찰과 매우 잘 일치하고 있다는 것을 물리학, 천문학의 많은 실험과 관측이 증명해주었다. 그러나 오늘날 그 힘의 본질을 명쾌하게 관통하는 이론에 대한 갈증은 남아 있다. 그것은 현재 중력을 기술하는 이론이 여전히 설명하지 못하는 이론과 관측결과 사이의 괴리에 관한 것이다.

예를 들면, 블랙홀과 같은 극한의 중력장 주변에서의 물리학이나,

---

* 1915년에 4편의 일반상대성이론과 관련된 시리즈 논문이 출간되었고, 1916년에 이를 종합하여 1편의 일반상대성이론 정리논문이 출간되었다. 또한 1916년에는 일반상대성이론의 응용과 관련한 우주론, 중력파 등의 논문도 출간되었다.

현대우주론에서 관측된 암흑에너지와 같은 신비롭고 아리송한 주제들이 바로 그것이다. 또한 우리가 우주에 대한 이해의 지평을 넓혀가기 위한 근본적인 질문들(시간의 본질, 우주 탄생의 역사와 과정, 왜 우리가 사는 우주는 4차원 시공간인가 등)은 현재 일반상대성이론이 해소해줄 수 없는 것들이다. 따라서 이러한 질문들은 일반상대성이론을 넘어서는 확장된 이론이나 중력의 양자이론을 요구하는 최첨단의 물리학의 영역에 있으며, 이 괴리를 극복하기 위하여 수십 년 전부터 물리학자들은 중력을 기술하는 확장된 이론을 구축하고자 노력했다.

그럼에도 일반상대성이론은 여전히 별과 행성의 운동을 기술하는 데 놀라운 성공을 가져다준 이론이고, 우리가 우주를 이해하는 데 근간이 되는 이론적 배경을 제공했다. 많은 실험적인 그리고 관측상의 증거들은 일반상대성이론의 확고함과 아름다움을 입증해주는 데 더 이상의 반론을 제기할 수 없게 만들었다. 그러한 상황에서 여전히 이 이론이 예측하는 마지막으로 남아 있는 실험적 관문이 있다. 그것은 일찍이 1916년 아인슈타인에 의해 존재가 예견된 '중력파gravitational wave'이다. 이론적으로 예견된 지 100여 년이 지나서야 비로소 직접적인 검출에 성공할 수 있었다. 인류는 지난 50여 년 동안 중력파의 존재를 증명하기 위한 부단한 노력을 해왔다. 전 지구적으로 중력파 검출기를 건설하고 이를 통해 중력파의 존재를 직접적으로 증명하고자 수많은 거대 실험 프로젝트들이 이어져오고 있으며, 미래에도 더 큰 거대 실험들이 계획되고 있다.

이 책에서는 아인슈타인이 예견한 중력파와 이를 직접적으로 검출하기 위한 인류의 기나긴 노력에 대해 소개하고자 한다. 아울러 마침내 성공한 이 과학적 업적이 인류에게 제공해줄 미래에 대해서도 이야기하고자 한다. 제1장에서는 중력을 기술하는 뉴턴의 이론과 아인슈타인의 일반상대성이론에 대한 소개와 간략한 고찰을 역사적 사건을 중심으로 기술했다. 그리고 일반상대성이론이 예측한 중력파의 본질과 실험적으로 검출할 수 있는 가능성에 대해 소개했다. 제2장에서는 중력파 검출실험을 최초로 시작한 조지프 웨버의 선구자적인 노력과 이와 관련된 역사적 사건들과 함께, 웨버의 '바 검출기'로부터 중력파의 검출기가 어떻게 발전되어왔는지를 이야기했다.

제3장에서는 조지프 웨버 이후의 중력파 검출기의 새로운 대안이자 현재 가장 가능성 있는 대형 프로젝트인 '레이저 간섭계' 중력파 검출기인 '라이고LIGO, Laser Interferometer Gravitational-wave Observatory'가 추진되어온 역사에 대해 소개했다. 제4장에서는 레이저 간섭계가 어떻게 중력파의 직접 검출에 가장 가능성이 있는 프로젝트로 부상했는지에 대해 설명했다. 그리고 본격적으로 라이고가 가동되고 10여 년이 지난 지금까지의 중력파 검출 실험에 대한 현황에 대해 소개했다.

제5장에서는 어드밴스드 라이고의 관측 시작과 함께 중력파 신호를 발견하면서 과학자들이 수행했던 노력의 과정에 대해 전달하고자 했다. 특히, 라이고 과학협력단이 중력파 신호를 포착하고 중력파 신호임을 확증하기 위해 어떠한 노력들을 수행했고, 어떻게 최종 결론에 도달하게 되었는지를 시간 순서로 구성했다. 이렇게 실시간으로 과학적 발견의 과정들을 생생하게 전달했던 저술은 거의 처음 시도된 것이 아닐까 한다. 마침 이 책의 마무리 단계와 맞물려 이런 역사적인 발견이 이루어졌다는

점 역시 이 책을 읽는 독자들에게는 큰 행운이라 생각한다.

제6장에서는 물리학과 천문학적인 관점에서 중력파의 성공적인 검출이 가져다주게 될 혜택과 그 파급효과, 그리고 과학적 가능성에 대해 전망했다. 아울러 현재 지구상에서 진행되고 있거나 계획되고 있는 차세대 중력파 검출기 프로젝트와 그 현황, 한국에서의 중력파 검출 연구의 현황도 소개했다.

제1장

시공간의
물결

Chapter 01 | 중력, 뉴턴과 아인슈타인

중력에 대한 고전적 이해는 일찍이 뉴턴Sir Isaac Newton (1643~1727)에 의한 관찰과 실험을 통해 정립되었다. 뉴턴의 위대함은 우리가 생활하면서 익히 느끼고 친숙해진 중력이라는 힘에 대한 면밀한 관찰과 이를 수학적인 언어로 공식화하여 정립해냈다는 점이다. 당시 가장 지적인 학문으로 여겨졌던 선대의 천문학적 관측과 이론을 분석한 뉴턴은 그 토대로 두 물체가 받는 힘은 물체의 질량과 거리와 관계가 있음을 간파했다. 그리고 그 힘의 세기가 두 물체의 질량의 곱에 비례하고 거리의 제곱에 반비례한다는 수식으로 표현하는 데 성공했다. 이 공식이 놀랍게도 300년 이상 물리학의 제왕의 자리에 있을 수 있었던 것은 이후 많은 천문학적 관측의 증거들이 발견되어 지지해주었기 때문이었다. 하늘을 지배하는 법칙을 하나의 공식으로 압축하여 표현할 수 있다는 사실은 물리학의 혁명적인 사건이었고, 물리학이 기적의 이론으로 간주될 정도로 과학의 전지전

능함과 이 세상을 만든 신의 위대함을 알리는 사건이었다.

이 공식은 일반상대성이론general relativity에 의해 기술되는 새로운 개념의 중력이론에서도 약한 중력장에서의 물체의 운동을 묘사하는 여전히 유효한 공식이다. 그러나 비록 뉴턴의 중력이론이 천체의 운동을 놀라울 만큼 성공적으로 설명해주었지만, 여전히 힘이 전달되는 본질에 대해서는 답해주지 못했다. 두 물질 간에 힘을 주고받는 상호작용과 운동에 대한 엄정한 법칙을 찾아냈지만, 힘의 본질에 대한 근원적인 질문에는 함구하고 마는 것이 뉴턴의 이론의 한계였다. 예를 들어, 질량의 본질은 무엇인가, 어떻게 그렇게 멀리 떨어진 별들 사이에 힘이 작용할 수 있는가에 대해 뉴턴의 중력이론은 명쾌한 해답을 제시하지 못했다.

뉴턴의 중력이론이 도전을 받기 시작한 것은 1905년 아인슈타인Albert Einstein(1879~1955)의 특수상대성이론special relativity이 등장하면서부터 본격화되었다. 특수상대성이론은 '광속도 불변'의 법칙을 기본 가정으로 물체가 운동하는 상태는 빛 속도를 넘을 수 없음을 시사하고 있다. 이는 기존의 중력을 기술하고 있던 뉴턴의 생각에 정면으로 배치되는 것이었다. 뉴턴은 물체가 중력을 느끼는 데에는 어떠한 시간차도 허용하지 않고 즉시 중력이 작용한다고 생각했다. 즉, 태양이 갑자기 사라지게 된다면 태양이 사라진 지 약 8분 뒤에 실제로 태양이 사라진다는 사실을 오늘날 우리는 알고 있다. 그러나 뉴턴의 중력이론에서는 만일 태양이 사라진다면 중력이 작용하지 않게 되어 우리는 그 즉시 태양이 사라졌다는 사실을 알게 될 것이라 예견했다.

아인슈타인의 특수상대성이론이 탄생하기 훨씬 오래전부터 뉴턴의 중력이론으로도 해결하지 못하는 여러 난제들이 뉴턴의 중력이론을 위협하고 있었다. 그중 하나가 수성Mercury의 근일점* 이동을 설명할 수 없다는 것이었다. 수성의 궤도는 뉴턴의 역학에 따르면 100년에 5,557각초minute of arc**여야 하는데, 실제로는 100년당 대략 5,600각초만큼 근일점이 이동한다. 이러한 뉴턴의 이론과의 43각초의 오차를 설명할 수 없었던 당시에, 프랑스의 천문학자인 위르뱅 르베리에Urbain Jean Joseph Le Verrier (1811~1877)는 벌칸Vulcan이라 명명한 새로운 행성이 존재한다는 가설을 통해 수성의 근일점 이동을 설명하고자 했다. 르베리에는 1843년에 일어날 것으로 예측된 수성의 일면통과***를 관찰하고자 했으나 실제 관측이 예측대로 되지 못했다. 이에 그는 더 많은 관측결과를 통한 연구로 1859년 수성궤도에 관한 연구를 발표했으며, 그중 근일점 이동의 43각초의 오차에 대한 것도 있었다. 이 연구에서 르베리에는 수성 안쪽에 새로운 행성이 존재하기 때문이라고 추측하고, 이 행성을 벌칸****이라 이름 붙였다.[1] 이후 이 수성의 근일점 이동의 오차에 관한 명쾌한 설명은 일반상대성이론이 등장하면서 이루어지게 된다.

---

* 행성의 운동은 태양을 한 초점으로 하는 타원궤도를 그리게 되며, 태양에 가까워지는 점을 근일점, 멀어지는 점을 원일점이라고 부른다.

** 각초(혹은 초)는 각의 단위로서 1도의 3,600분의 1에 해당한다.

*** 수성의 일면통과는 수성이 지구와 태양 사이에 정확히 나란할 때 발생하며, 이때 수성은 태양 위를 지나가는 조그만 점처럼 보인다.

**** 벌칸은 로마신화에 등장하는 대장장이의 신인 불카누스Vulcanus에서 따온 것으로, 태양에 아주 근접해 있다고 믿어서 붙인 것이다.

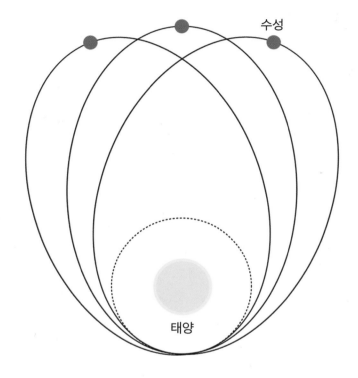

그림1 수성의 세차운동에 의한 근일점의 이동. 타원운동을 하는 수성의 궤도가 공전함에 따라 닫힌 궤도 운동을 하지 못하여 근일점이 이동하게 된다.

뉴턴이 생각한 중력의 개념과 달리 아인슈타인은 힘을 새로운 패러 다임으로 바라보며 중력의 원인과 현상을 설명하고자 했다. 아인슈타인 은 중력의 본질을 물체가 움직이는 가속운동과 동일하다 생각했는데 이 것이 일반상대성이론의 기본 원리인 등가원리equivalence principle이다. 즉, 중 력장하에서 중력을 받는 물체의 운동은 가속운동을 하는 물체와 구분할 수 없다는 점이다. 예를 들어, 버스에서 모퉁이를 도는 장면을 상상해보 자. 버스에서 손잡이를 잡고 서 있다면 모퉁이를 돌 때 승객은 도는 방향 의 바깥으로 원심력이라는 가상의 힘을 받게 되어 모퉁이를 도는 바깥 방향으로 넘어지게 된다. 이는 원운동이라는 가속운동의 결과이다. 만약 버스에 타고 있는 이 승객이 모퉁이를 돌고 있다는 사실을 인지하지 못 한 상태로 이 운동을 경험하게 된다면 마치 누군가 자신을 바깥쪽으로 잡아당기는 것처럼 느낄 것이다. 즉, 힘을 받는 원인이 가속운동의 결과 로 이루어진다는 직관적 관찰이 가능해진다.

　　일반상대성이론은 이처럼 뉴턴이 생각했던 중력의 개념을 본질부 터 바꿔놓았다. 뉴턴의 절대공간과 절대시간의 개념과는 전혀 다른 상대 적인 시공간spacetime이라는 개념을 정의했다. 아인슈타인이 생각한 중력 의 개념은 물질에 의해 만들어진 휘어진 시공간에서 운동하는 물질이 겪 게 되는 현상이었다. 즉, 힘이라는 개념을 운동을 일으키는 원인이라기 보다는 질량을 가진 물체 사이에 일어나는 운동 그 자체로 간주했다는 점이다. 힘을 받는다는 사실의 본질은 질량에 의해 변화된 시공간에서 영향을 받는 운동이고, 그것은 운동과 힘이 원인과 결과의 관계가 아닌 동등한 개념임을 원리로서 정립한 것이다.

아인슈타인은 중력이라는 힘은 물질이 운동하는 가속도와 동등한 것이라 관찰했고, 그것을 베른하르트 리만Bernhard Riemann(1826~1866)이 이미 50여 년 전에 정립했던 비유클리드 기하학non-Euclidean geometry을 이용하여 아름다운 공식으로 바꿔놓았다. 물질에 의해 왜곡된 시공간의 변화가 주변을 운동하는 다른 물질에 영향을 주는 것이라는 혁명적인 설명을 할 수 있었다는 점에서, 뉴턴의 중력이론이 설명하지 못했던 중력의 본질이 보다 진보된 이론으로 발전되었다. 예를 들어, 강한 중력장에서 빛이 휘어지는 현상을 우리가 전통적인 관점에서 바라보면 직진하는 빛을 무엇인가가 힘을 작용하여 잡아당겼다고 생각할 수 있다. 그러나 이것을 아인슈타인의 관점에서 바라본다면 달라진다. 빛이란 시공간의 최단거리*로 운동을 하고, 만약 질량을 가진 물질이 시공간을 휘게 만든다면 그 주변의 최단거리도 물질이 없을 때와 달리 휘어진 경로가 최단거리가 되어 빛은 자연스럽게 그 휘어진 최단거리를 이동하게 되는 것이다. 이것이 중력에 의해 빛이 휘어진다는 관찰이다.

---

* 측지선 혹은 지오데식geodesic이라 부르며 운동의 최단거리를 의미한다.

Chapter 02 | 일반상대성이론의 **영광의 순간들**

강한 중력장에서 빛도 휘어질 수 있다는 사실은 1920년 천문학자 아서 스탠리 에딩턴Sir Arthur Stanley Eddington(1882~1944)의 유명한 관측을 통해 입증되었고, 일반상대성이론을 지지하는 가장 강력한 실험적 증거가 되었다. 당시 에딩턴은 영국 왕립천문학회The Royal Astronomical Society의 비서관직을 맡고 있었고 일반상대성이론과 관련한 논문과 편지들을 훨씬 손쉽게 접할 수 있었으며, 그 이론을 이해하는 데 거리낌 없는 열정과 수학적 능력을 가지고 있었다. 이내 그는 일반상대성이론의 열렬한 지지자가 되었고, 그 이론을 검증하기 위한 방법으로 수성의 근일점 이동과 중력장에서 빛이 휘어지는 현상, 그리고 적색편이redshift*가 일어나는 것에 대한 관

---

* 일반상대성이론의 효과로서, 강한 중력장을 빠져나올 때 빛이 에너지를 잃게 되면서 빛의 파장이 길어져 스펙트럼의 붉은 쪽으로 치우치게 되는 중력적색편이를 의미한다.

측을 제안했다.

제1차 세계대전이 끝난 직후 1919년 5월 29일, 에딩턴은 일식이 일어나는 것을 관측하기 위해 아프리카 근처의 프린시페 섬으로 떠났다. 그리고 일식 동안 그는 태양 주변 별들의 사진을 촬영했다. 이 사진들 중 하나에서, 중력장에서 휘어지는 빛 때문에 다른 위치에 놓인 별이 관찰됨으로써 일반상대성이론의 예측이 사실임이 입증되었다.* 이 사실은 그해 11월 《타임스The Times》에 "과학의 혁명, 새로운 우주의 이론, 뉴턴적 사고의 전복"이라는 머리기사로 대서특필되었다.[2]

이 기사에서 보듯이 일반상대성이론이 과학사의 혁명적인 관점을 제시하고, 우주를 기술하는 새로운 이론이며, 뉴턴적 사고의 틀을 전복시킨 것은 사실이다. 그러나 그 뉴턴적 사고의 전복이 "뉴턴 이론의 종식과 새로운 이론으로의 대체"라는 논리로 비약되는 것은 상당히 잘못 이해되고 있는 부분이다. 아인슈타인은 일반상대성이론을 수립하던 당시에 뉴턴의 이론을 포함하는 이론을 고려하고 있었고, 실제로 매우 약한 중력장에서는 여전히 뉴턴의 중력이론이 유효하기 때문이다. 따라서 일반상대성이론의 성공은 기존의 이론의 틀을 새로운 이론으로 교체하는 의미가 아니라, 기존의 이론을 포함하고 그 한계를 넘어서는 새로운 이론으로의 확장이라는 데 더 큰 의의가 있다.

아인슈타인은 1955년에 세상을 떠났기에 이후 천문학과 물리학의

---

* 2008년 영국의 BBC에서는 이 일화를 단편 TV 드라마로 제작했는데 그 제목은 〈아인슈타인과 에딩턴〉이었다.

실험들이 증명해낸 일반상대성이론의 영광의 순간들을 충분히 누리지 못했다. 그러나 에딩턴에 의해 빛이 휘어질 수 있다는 사실이 입증된 것은 그 하나로도 일반상대성이론이 공고해질 수 있음을 여실히 보여준 위대한 실험적 증거였다.

1964년 하버드 스미스소니언 연구소의 천문학자였던 어윈 샤피로 Irwin I. Shapiro(1929~)는 지구에서 전파를 발사하여 다른 행성에 반사되어 되돌아오는 전파를 측정할 것을 제안했다. 보통 이 방법은 어떤 항성 주변을 도는 행성이 있는지를 측정하기 위해 사용하는 잘 알려진 방법이었지만, 샤피로는 이 전파가 태양 주변을 지날 때 태양이 없었을 때보다 되돌아오는 시간이 조금 더 길어진다는 것을 예측했다. '샤피로 시간지연 Shapiro time delay'이라 알려진 이 현상은 태양과 같은 큰 질량을 가진 물질 주변의 시공간이 휘어져 빛이 이곳을 지나갈 때 물질이 없을 때보다 더 긴 경로를 지나기 때문에 생기는 일반상대성이론이 예견하는 현상이다.[*3]

이 현상에 대한 실험적 검증은 2년 이내에 이루어졌다. 수성과 금성이 태양의 거의 반대편에 다다랐을 때 MIT의 헤이스타크 천문대 Haystack Observatory의 전파망원경에서 약 300킬로와트의 전파가 발사되었다. 그 반향의 세기는 10^{-21}와트 정도로 작았지만 이 시간지연 효과를 측정하기에는 충분했다. 금성까지의 왕복 시간은 약 30분 정도였다. 태양 주변을 지

---

* 샤피로는 이 관측에 대한 논문을 「일반상대성이론의 네 번째 테스트」라는 제목으로 《피지컬 리뷰 레터Physical Review Letters》에 출간했다. 앞선 3개의 효과는 아인슈타인이 일찍이 예언했던 '빛의 휨 현상', '중력적색편이', '수성의 근일점 이동'이었다.

그림2 바이킹에서 전송한 전파가 태양에 의해 시간지연을 일으키는 샤피로 시간지연의 모습.
[NASA/JPL-Caltech 제공]

나온 신호는 약 5,000분의 1초 길어진 것이 관측되었고, 이는 빛이 약 65킬로미터 길어진 경로를 지나온 셈이었다. 즉, 태양에 의한 시공간의 왜곡이 태양 주변을 휘게 만들어 이곳을 지나는 빛이 약 65킬로미터의 경로를 더 지나서 지구에 도달한다는 의미였다. 1976년 화성에 착륙한 바이킹 탐사선이 지구로 보내온 신호가 태양 주변을 지나올 때에 이 '샤피로 시간지연' 효과는 다시 한 번 입증되었고, 이때 일반상대성이론이 예측한 이론값과의 정확도가 0.1퍼센트 이내에서 일치한다는 사실이 증명되었다.

일반상대성이론이 예견하는 또 다른 현상은 바로 중력적색편이 gravitational redshift이다. 이는 흔히 질량이 큰 천체가 만드는 중력의 우물 gravitational well에서 이 우물을 빠져 나오려고 하는 용수철을 상상하면 쉽게 이해할 수 있다. 중력을 벗어나서 우물 밖으로 빠져 나오려고 하는 용수철은 위쪽으로 튀어 올라갈수록 원래의 용수철의 길이보다 길어진다. 이는 용수철의 위쪽과 아래쪽에 작용하는 중력의 세기가 다르기 때문이다. 〈그림3〉에서 보듯이 빛의 경우도 마찬가지로 중력장을 벗어나는 방향으로 진행하는 빛은 중력에 의한 효과로 인해 파장이 길어져서 붉은 파장의 영역으로 변하게 된다. 이것이 전자기파의 스펙트럼에서 빛의 파장이 이동하는 중력적색편이이다.

이 현상은 1959년 로버트 파운드Robert Pound(1919~2010)*와 그의 제

---

* 미국의 물리학자로 일반상대성이론의 중력적색편이를 증명한 파운드-레브카 실험과 함께 핵자기 공명을 발견하여 1952년 노벨 물리학상을 받았다.

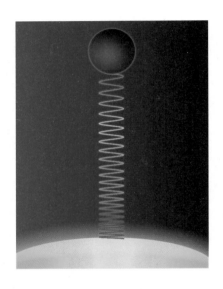

그림3 중력적색편이가 도식화된 강한 중력장에서의 빛의 스펙트럼 변화. 아래 노란별이 강한 중력장이며 이를 빠져 나가려고 위로 올라갈수록 파장이 길어져 붉은 빛을 띤다.
[Markus Possel-Wikimedia(CC-BY-SA) 제공]

자인 글렌 레브카Glen Rebka(1931~)의 실험을 통해 처음으로 측정되었다. 그들은 하버드대학교의 캠퍼스 내에 실험장치를 설치했다. 실제로 캠퍼스 내의 제퍼슨 연구소Jefferson Laboratory에 약 20여 미터의 탑에서 방출되는 감마선의 주파수가 중력장하에서 얼마나 변화하는지를 측정했는데, 이 측정된 변화량은 일반상대성이론이 예측한 값과 10퍼센트 이내로 일치함이 증명되었다. 그리고 5년 뒤 파운드는 이 결과를 1퍼센트 이내의 정밀도로 다시 측정했다.

이처럼 일반상대성이론은 현재까지도 매우 높은 정밀도를 가지고 중력장하에서의 물체의 운동을 정확하게 설명하고 있으며, 오늘날 거시세계를 기술하는 이론의 '성배Holy Grail'처럼 여겨지고 있다.

1916년 아인슈타인은 일반상대성이론을 통해 질량을 가진 물질이 가속
운동을 하게 되면 그 변화가 시공간의 일렁임으로 나타나고 결국 시공간
을 변화시킨 에너지가 파동처럼 전파된다는 것을 예측했다.[4] 이를 중력
의 변화가 파동처럼 전파된다 하여 중력파라 이름 붙였다. 이는 수면 위
에 일렁이는 물결을 상상해보면 어느 정도 유사한 비유가 될 것이다. 만
일 수면 위에 떠 있는 배가 움직이지 않고 정지해 있다면 수면은 어떠한
물결도 없이 잔잔하게 있을 것이다. 이때 갑자기 바람이 불어 배가 움직
이기 시작한다면 그때 배의 움직임 때문에 물결이 일기 시작할 것이다.
이처럼 중력파 역시 물질이 놓인 시공간 위에서 운동의 변화가 시공간의
일렁임으로 전파된다.

　　중력파가 존재한다는 논문을 발표하고 20년 뒤인 1936년 아인슈
타인은 그의 젊은 동료 로젠Nathan Rosen(1909~1995)과 함께 논문 한 편을

《피지컬 리뷰Physical Review》에 제출했다. 그것은 일찍이 1916년 그가 스스로 일반상대성이론에서 존재를 유도했던 중력파가 사실은 존재할 수 없다는 결론에 도달한 논문이었다. 《피지컬 리뷰》의 심사위원은 이 논문에서 주장하고 있는 내용에 대해 의심스러운 점을 발견하고는 몇 개의 질문으로 회신했다. 그리고 이 질문에 대해 적절한 답변과 함께 해당 논문을 다시 제출해줄 것을 요구했다. 이 심사의견을 전달받은 아인슈타인은 《피지컬 리뷰》의 편집장이었던 존 테이트John T. Tate(1925~)에게 매우 분노에 찬 어조로 다음과 같은 편지를 썼다.

"나는 내가 《피지컬 리뷰》에 투고했던 논문에 대해 《피지컬 리뷰》에서 위촉한 익명의 전문가가 제시한 이와 같은 잘못된 질문들에 답을 해야 할 이유를 모르겠습니다. 차라리 나는 이 논문을 다른 학술지에 투고하는 게 좋을 듯싶습니다."[5]

결국 아인슈타인은 이 논문의 심사결과에 대해 매우 화를 내며 투고한 논문을 철회했고, 《피지컬 리뷰》에서 제기한 지적에 대한 단 한 줄의 수정사항도 없이 그대로 《프랭클린연구소 저널Journal of the Franklin Institute》에 보냈다. 그는 다시는 《피지컬 리뷰》에 논문을 보내지 않으리라 맹세했고 이 맹세를 끝내 고수했다. 이 논문이 《프랭클린연구소 저널》에 별다른 무리 없이 출판되기 임박할 즈음인 1936년 7월, 캘리포니아 공과대학에서 연구연가를 마치고 돌아온 상대론학자인 하워드 퍼시 로버트슨Howard

Percy Robertson(1903~1961)[*]은 아인슈타인이 제출했던 논문에 대한 소식을 전해 듣고 놀라움을 감추지 못했고 그 논문이 주장하는 결과를 믿을 수 없었다. 그리고 그가 제출했던 논문의 초고를 면밀히 검토하던 중 아인슈타인의 논문에서 오류를 찾아내고는 즉시 아인슈타인에게 편지를 썼다. 이를 수용한 아인슈타인은 급히 논문의 내용을 수정했고 이 논문은 결국 1937년 출간되었다.[6]

이 당시 로젠은 고국인 소련으로 돌아갔고, 아인슈타인은 홀로 이 공동논문의 수정을 책임지고 있었다. 아인슈타인은 로버트슨의 조언을 받아들여서 논문의 최종 출판단계에서 중력파가 존재하지 않는다는 그의 입장을 철회했고, 그 최초의 주장이 수정된 채로 논문이 출간되었을 때 로젠은 매우 실망스러웠다. 여전히 로젠은 이후에도 중력파가 존재하지 않는다는 그 초기의 주장을 고수했다. 로버트슨은《피지컬 리뷰》의 편집장에게 보낸 편지에서 비꼬듯이 "아인슈타인이 처음에 그를 격노하게 만들었던 그 심사위원의 반론들을 결국에 모두 수용했다"라고 썼다.

이와 같은 우여곡절이 있긴 했지만 아인슈타인이 처음에 예견한 대로 여전히 일반상대성이론은 이론적으로 중력파의 존재를 예측하고 있었다. 이후 수십 년간 이론가들 사이에서는 중력파는 적어도 일반상대성이론의 범주 내에서 이론적으로 확고하게 자리매김하고 있었다.

---

* 하워드 퍼시 로버트슨은 미국의 수학자이자 물리학자이다. 프리드먼-르메트르-로버트슨-워커 FLRW, Friedmann-Lemaître-Robertson-Walker 계량으로 알려진, 등방적이고 균질하며 팽창 혹은 수축하는 우주를 기술하는 아인슈타인 방정식의 해를 찾아낸 것으로 유명하다.

Chapter 04 | 중력파란 **무엇인가?**

중력파는 에너지가 전달되는 일종의 파동波動이다. 잔잔한 수면에 돌을 던지면 물결이 전파되어 나아가는 것과 유사하게 시공간에서 전파되는 파동이다. 중력은 우리가 주변에서 너무나 익숙하게 경험하고 있는 힘이다. 질량을 가진 물질은 무엇이나 중력이라는 힘의 지배를 받기 마련이다. 뉴턴의 만유인력의 법칙Newton's law of gravitation을 굳이 들지 않더라도 우리는 경험적으로 중력에 의해 지배를 받고 있음을 잘 알고 있다. 중력파는 질량을 가진 물질이 받는 힘의 변화로 인한 에너지가 파동처럼 전달되는 것을 말한다. 이는 뉴턴 중력이론의 틀에서는 존재하지 않는 개념이다.

중력파는 이론적으로는 일반상대성이론에서 유도된 아인슈타인의 장방정식Einstein's field equation으로부터 예측된다. 이 방정식으로부터, 물질이 시공간에서 변화할 때 중력이 변화하는 정도를 나타내는 파동방정식wave equation을 얻을 수 있다. 이 파동방정식은 물질의 운동변화가 야기하는 중력의 변화에 의해 전파되는 중력파를 묘사하는 것이다. 여기에 몇 가지 간단한 수학적 가정과 대칭성symmetry을 부여하면 중력파의 중요한 성질을 얻게 된다. 중력파의 첫 번째 중요한 성질은 빛의 속도로 전파된다는 것이고, 두 번째는 두 종류의 편광polarization 성질을 가진다는 것이다. 편광은 파동이 전파되는 방향에 대해 특정한 방향으로 진동하는 것을 말하는데, 마치 뱀이 앞으로 나아갈 때 뱀의 몸이 좌우로 진동하는 것에 비유할 수 있다.

이 2개의 편광모드는 '플러스 편광plus polarization'과 '크로스 편광cross polarization'이라 불린다. 플러스 편광은 중력파의 진행 방향에 수직인 평면이 상하좌우로 수축과 팽창을 반복하며 진동하는 것을 의미한다. 반면 크로스 편광은 이 플러스 편광을 45도 기울인 상태로 동일하게 진동하는 것을 의미한다.* 이 파동방정식이 나타내는 파동은 그 진행방향에 수직인 평면으로 〈그림4〉에서 보듯이 번갈아 가면서 진동하며 진행한다. 이를 중력파의 사중 편광quadrupole polarization이라 한다. 이 중력파는 흔히 전자기파electromagnetic wave와 비교되기도 한다. 전자기파는 전하를 가진 물질이 가속될 때 발생하는 파동으로 그 발생의 메커니즘은 중력파와 동일하다. 전자기파 역시 진행방향에 수직인 방향으로 편광모드가 존재하는데 중력파와 달리 이중 편광dipole polarization만이 존재한다. 전자기파와 중력파의

---

* 이 중력파의 편광에 대한 대화형 시뮬레이션을 다음 링크에서 쉽게 확인할 수 있다.
http://demonstrations.wolfram.com/GravitationalWavePolarizationAndTestParticles/

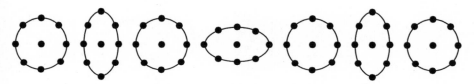

Plus Polarization of Gravitational-Waves

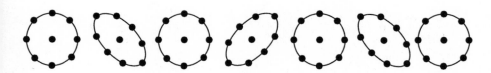

Cross Polarization of Gravitational-Waves

그림4 중력파의 두 가지 편광모드. 플러스 편광(위)과 크로스 편광(아래)

특성에 대한 비교는 〈표1〉에 요약되어 있다.

표1 전자기파와 중력파의 비교

특성＼파동	전자기파	중력파
힘의 작용	전하	질량
특성인자	전기장, 자기장	변형률strain
전달속도	광속	광속
예측	맥스웰(1865)	아인슈타인(1916)
검출	헤르츠(1887)	어드밴스드 라이고(2016)
신호강도	비교적 강함	매우 약함
편광	이중 편광	사중 편광

질량을 가진 물질은 항상 중력의 영향을 받고 이 물질이 가속운동을 하면 항상 중력파를 발생시킨다. 그러면 우리 주변의 모든 물질이 모두 중력파를 발생하고 있는가? 대답은 '그렇다'이다. 그러면 우리는 매일매일 일상에서 중력파를 느끼고 사는 것인가? 이 질문에 대답하기 위해 간단한 계산을 해보도록 하자. 질량이 1톤인 두 물체가 약 2미터의 거리를 두고 1초당 1,000번가량으로 빠르게 회전하고 있다고 가정하자. 이 경우 두 물체가 회전하면서 발생하는 중력파의 세기는 대략 9×10^{-39}이 된다. 현재 양자역학적으로 허용되는 최소의 길이인 플랑크 길이Planck length가 대략 10^{-35}미터 정도임을 감안하면 이는 너무도 미약한 크기이다. 따라서 우리 일상에서 일어나는 가속운동에 의한 중력파의 세기는 거의 없다고

봐도 무방하다. 만약 우리 은하에서 가장 가까운 은하인 처녀자리 성단 Virgo cluster 근처에서 중성자별 쌍성neutron star binary*이 약 1킬로미터의 거리를 두고 회전하면서 병합 과정merging process에 있다면 그 중성자별 쌍성이 방출하는 중력파의 크기는 대략 10^{-21} 정도의 크기가 된다. 이는 충분히 현대의 공학과 기술적 극복을 통해 실험적 검출에 도전해볼 만한 크기이나 여전히 너무도 미약한 크기이다. 그러면 얼마나 미약한 크기인가?

중력파의 세기는 '어떤 길이의 물질이 중력파에 의해 얼마만큼 변화되었는가'로 측정된다. 이를 중력파의 변형률strain이라고 하고 이를 간단히 표현하면 다음과 같다.

$$ h = \frac{\text{중력파에 의해 변화된 길이}}{\text{원래 물체의 길이}} = \frac{\delta L}{L} $$

즉, 어떤 길이를 가진 물체에 중력파가 지나가게 되면 그 시공간이 중력파의 진동모드에 따라서 수축과 팽창을 반복하는 진동운동을 하게 된다. 이 진동운동으로 생기는 길이의 변화를 원래의 길이로 나눈 비율

---

* 중성자별neutron star은 별의 진화과정 중 마지막에 이르러 생성되는 밀집된 중성자로 이루어진 고밀도의 별이다. 1934년 독일의 천문학자 발터 바데Walter Baade(1893~1960)와 프리츠 즈위키Fritz Zwicky(1893~1974)에 의해 존재가 예견되었다. 별의 진화 단계에서 헬륨의 연료를 다 태운 별은 중력에 의해 수축하기 시작한다. 대략 태양질량의 8배에서 20배 정도의 거성은 수축 단계에서 그 중력이 커서 원자핵이 해체되고 전자와 양성자가 결합하여 다수의 중성자가 형성되어 중성자별이 된다. 이후 별 바깥의 물질들이 지속적으로 수축을 일으켜 중성자별을 치게 되고 그 반발력의 힘이 폭발적으로 중성자별 외부 별의 물질을 날려버리게 되는데 이를 초신성 폭발이라 한다. 이 폭발 이후 오로지 중성자로 구성된 별의 잔해만 남게 된다.

로 중력파의 세기를 정의한다. 따라서 10^{-21}의 크기란 다음과 같은 정도로 가늠해볼 수 있다. 수소원자의 반지름이 대략 5.3×10^{-13}미터이고 태양의 반지름이 6.9×10^8미터이므로 그 변화량의 비는 다음과 같다.

$$h = \frac{5.3 \times 10^{-13} m}{6.9 \times 10^8 m} \sim 10^{-21}$$

다시 말해, 태양 정도 크기의 물질이 수소원자 반지름만큼 움직이는 크기가 이 중력파의 크기이다. 필자가 자주 소개하는 또 다른 예는 다음과 같은 것이다. 만약 지구에서 가까운 별인 알파 센타우리Alpha Centauri 근처인 4.3광년(약 10^{16}미터) 정도 떨어진 행성에 외계인이 살고 있고, 그 외계인의 머리카락 굵기가 보통 지구인과 비슷하다면($10\mu m = 10^{-5}$미터) 외계인의 머리카락이 흔들리는 정도를 지구에서 감지하는 것이 중력파의 세기인 10^{-21}이 된다. 만일 원자폭탄이 중력파 검출기와 불과 1미터 근방에서 폭발하여 중력파가 발생한다면, 그 크기는 우리 은하에서 폭발한 초신성에서부터 발생한 중력파보다 1억조 배쯤 작은 크기이다.

Chapter 05 | 발견, 그리고 존재의 확인

중력파는 이처럼 너무 미약하기 때문에 직접 검출하는 것이 쉽지 않다. 그러나 중력파의 세기는 거리에 반비례하여 감소하는 반면 그 파원波源의 질량에 비례하여 증가한다. 따라서 질량이 매우 큰 천체가 발생시키는 천문학적인 사건을 통해 생겨난 중력파에 대해서는 실험적으로 측정이 가능하다고 알려져 있다. 이미 1950년대 아인슈타인과 허먼 본디Sir Hermann Bondi(1919~2005) 등에 의해서 직접 검출이 가능한 중력파에 대해 구체적이고 집중적으로 논의되었다. 특히 1955년과 1957년에 있었던 두 번의 학술회의는 이 논의에서 매우 중요한 학술회의였다. 1955년 스위스 베른에서 있었던 학술회의에서는 로젠이 참가하여 연구 발표를 했다. 1936년에 아인슈타인과 발표했던 중력파의 존재에 대해 부정했던 자신의 결과가 여전히 옳았었다는 것을 재확인하기 위한 새로운 계산과 연구에 대한 내용이었다.

그때까지도 일부 학자들은 과연 쌍성계binary star system에서 중력파가 발생하는 것이 가능한가에 대해 의구심을 품고 있었다. 1957년에는 미국의 노스캐롤라이나-채플 힐에서 학술회의가 열렸는데 이때 중력파를 기술하는 다양한 수학적 방법론들이 제시되었다. 그리고 리처드 파인먼 Richard Feynman(1918~1988)*은 일반상대성이론이 진정으로 중력파를 예측하고 물리적으로 유효한지를 알아보는 일종의 사고실험을 제안했는데, 이것이 그 유명한 '끈적한 구슬 논법sticky bead argument'이었다. 이 실험의 핵심은 정말 중력파가 존재한다면 어떤 식으로 에너지가 전달되고 이것을 이해할 수 있는가 하는 것이었다.

파인먼이 제안한 실험은 다음과 같다. 구슬이 움직일 수 있는 막대에 자유롭게 움직일 수 있는 구슬을 하나 놓는다고 생각해보자. 만일 중력파가 막대와 수직한 방향으로 진행하면 그 진동모드에 의해 구슬은 좌우로 계속해서 진동하며 움직일 것이다. 만약 그 구슬과 막대 사이가 끈적끈적하다면 구슬의 움직임은 마찰에 의해 열을 발생시킬 것이고 이것은 중력파가 구슬과 막대 시스템에 에너지를 전달한 것이 된다. 따라서 이것은 명백하게 중력파에 의한 에너지 전달이 될 것이라는 논법이었다. 1957년에 발표된 두 편의 논문에서는 1955년의 로젠의 주장이 틀렸다는 것을 파인먼이 제시한 구슬 논법을 통해 입증했다.[7] 하지만 로젠은 1970

---

* 리처드 파인먼은 1962년 그의 부인에게 쓴 편지에서 "학술대회에서 계속 이 검출 가능한 중력파에 대해서 끊임없이 토론하는 통에 내 혈압에 악영향을 주었다"라고 쓰고 있었다. 그만큼 1950~1960년대는 중력파의 실험적 검출이 가능한지에 대해 아주 심도 깊은 논의들이 오고간 시기였다.

년대 후반까지도 일반상대성이론에서 중력파는 존재하지 않는다는 그의 주장을 굽히지 않았으나 이미 학계에서는 그의 주장이 일반적으로 틀렸다고 평가받고 있었다.

1967년 하버드에서 전파천문학으로 박사학위를 받은 조지프 테일러Joseph H. Taylor Jr.(1941~)는 당시 갓 발견된 놀라운 과학적 사실에 매료되고 있었다. 그것은 1967년 앤터니 휴이시Anthony Hewish(1924~)와 그의 제자 조셀린 벨Jocelyn Bell(1943~)*이 베가Vega 성과 알타이르Altair 성 사이에서 81.5메가헤르츠의 매우 짧지만 정확한 주기의 전파가 방출되는 것을 발견한 것이었다. 처음 이들은 이것이 외계인이 보내오는 주기적인 신호라 생각하고 '리틀 그린 맨LGM, Little Green Man' 신호라 이름 붙였다. 이후 이 신호의 정체가 빠르게 회전하는 고도로 자기화된 중성자별이 방출하는 전파임이 밝혀지면서 펄서pulsar**라 이름 붙였다. 휴이시와 벨의 그룹은 4개의 펄서를 발견했고, 이 공로로 앤터니 휴이시는 1974년 노벨 물리학상을 수상했다.***

이 발견에 무척 고무된 조지프 테일러는 1968년 하버드대학교에서 연구원으로 남아 있었다. 이내 그는 휴이시와 벨이 발견한 4개의 펄서를

---

* 현재는 조셀린 벨 버넬Jocelyn Bell Burnell로 불린다.

** 펄서는 맥동하는 전파원pulsating source of radiation을 뜻하는 전자기파를 방출하는 고도로 자기화된magnetized 회전하는 중성자별을 의미한다. 펄서의 공식명칭인 PSR은 이 맥동하는 전파원의 약자이다.

*** 실제 조셀린 벨이 이 펄서의 발견에 중요한 공헌을 했음에도 노벨상 수상자에서 제외되어 이 수상에 대한 많은 논란이 있었다.

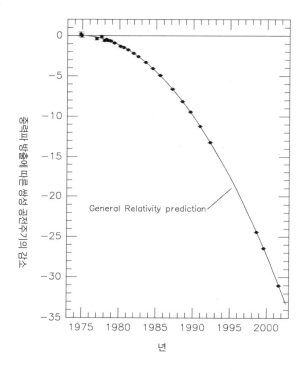

그림5 헐스-테일러 펄서의 공전궤도 감소의 30년간 관측결과(점선)와 일반상대성이론이 예측하는 이론값(실선). 두 결과의 오차는 불과 0.13퍼센트 이내이다.

탐색하기 위한 팀을 꾸렸고 웨스트버지니아에 위치한 국립전파천문대 National Radio Astronomy Observatory의 약 90미터 직경의 전파망원경을 이용해 관측을 시작했다. 테일러의 팀은 이내 다섯 번째의 펄서를 발견했고 이후 6개를 더 발견했다. 1969년 테일러는 매사추세츠 애머스트대학University of Massachusetts Amherst의 교수가 되었고 다섯 대학 전파천문대FCRAO, Five College Radio Astronomy Observatory의 설립에 기여하며 펄서 탐사에 대한 연구를 지속했다. 새로운 펄서 탐사를 위해 그는 컴퓨터, 물리학, 전파천문학을 통합하는 프로그램을 구상했고 그 연구를 수행해줄 학생을 필요로 했다. 여기에 의기투합한 러셀 헐스Russell A. Hulse(1950~)는 테일러의 박사과정 학생으로서 '새로운 펄서 탐사'라는 학위 주제를 부여받았다.

1973년 12월부터 14개월간 푸에르토리코Puerto Rico의 아레시보 천문대Arecibo Observatory를 방문한 헐스는 40여 개의 새로운 펄서를 관측했다. 이 중 PSR B1913+16이라 이름 붙은 펄서는 자전축을 중심으로 초당 17회를 돌고 있는 중성자별이었다. 이 펄서를 조사하던 중 테일러와 헐스는 이 펄서가 약 7시간 45분의 주기를 가지고 그 펄스신호가 때로는 빠르게 때로는 늦게 도달한다는 것을 알았다. 그리고 이것이 다른 동반성同伴星에 의한 쌍성계의 증거라는 것도 알았다. 펄스의 주기가 궤도운동의 영향으로 주기적으로 변하고 있음을 발견한 것이었다. 이 쌍성 펄서binary pulsar의 발견은 '헐스-테일러 펄서'라 이름 붙여졌다. 테일러와 헐스는 쌍성 펄서를 최초로 발견한 공로로 1993년 노벨 물리학상을 수상했다.

일반상대성이론에 의하면 쌍성계는 서로 공전을 하면서 중력파를 발생시키는 중력파원으로 잘 알려져 있는데, 이 펄서를 발견한 아레시보 천문대에서는 이후 2005년까지 30년간 중력파의 발생으로 인해 일어났을 것으로 생각되는 공전궤도의 감소를 관측했다. 그리고 이 결과는 〈그림5〉에서 보듯이 일반상대성이론이 예측하는 이론적 결과와 비교하여 0.13퍼센트 이내의 매우 정확한 결과임이 알려졌고 이를 통해 중력파가 존재함이 간접적으로 증명되었다. 실제 1984년 헐스-테일러 펄서의 공전주기 감소 결과를 발표할 때 테일러는 "이제 중력파의 존재에 대해서는 누구도 부정할 수 없는 결론인 것 같다"라고 이야기했다. 이 헐스-테일러 펄서는 중력파 방출에 의해 에너지를 잃고 매 공전주기마다 약 3밀리미터씩 가까워지고 있으며, 약 3억 년 후에는 두 별이 충돌하여 하나의 별이 될 것이다.

Chapter 06 | 중력파는 어디에서 오는가?

중력파는 그 크기가 너무 작아 직접적으로 신호를 검출하는 것은 쉽지 않다. 따라서 검출이 가능할 것으로 생각되는 중력파는 천문학적 규모의 사건에서 나오는 중력파일 것으로 기대하고 있다. 중력파는 질량이 큰 별들에 의한 급격한 중력의 변화가 파동의 형태로서 시공간으로 퍼져 나오는 것이다. 따라서 별들의 질량이 클수록 더 강한 세기의 중력파를 발생시킨다. 가장 잘 알려진 중력파의 발생원은 쌍성계이다. 쌍성은 서로 공전하고 있는 2개의 별을 말한다. 이 공전하고 있는 별 사이의 거리와 회전 주기에 따라 발생하는 중력파의 주파수가 달라진다. 그리고 그 세기는 별까지의 거리와 두 별의 질량에 의존한다.

보통 질량이 작은 별의 최종 단계인 백색왜성white dwarf* 같은 별들은

---

* 태양질량의 대략 0.07~8배 정도의 질량을 가진 별은 진화의 마지막단계에서 더 이상 에너지를 생성할 수 없게 된다. 따라서 점차로 식어가며 탄소와 산소로 구성된 핵이 남아 백색왜성이 생성된다. 백색왜성이 가질 수 있는 최대 질량한계인 태양질량의 약 1.4배를 찬드라세카르 한계라 부른다.

그 공전궤도가 길고, 작은 중력으로 인해 오랫동안 회전하다가 병합하게 되므로 낮은 주파수의 중력파를 발생시킨다. 이보다 큰 질량의 별은 계속해서 중력붕괴가 일어나 결국 전자가 원자핵으로 밀려들어가게 되어 중성자를 형성함으로써 생기는 중성자별이 되는데, 대략 태양질량의 1.4배 내외에서 2배 정도에 해당하는 중성자별로 진화한다. 만약 훨씬 더 질량이 큰 별의 경우는 중력붕괴의 과정을 멈출 수 없기 때문에 모든 별의 질량이 한 점을 중심으로 걷잡을 수 없는 중력붕괴가 일어나 블랙홀black hole이 만들어진다.

쌍성계에서 방출되는 중력파는 쌍성계를 형성하는 별의 종류에 따라 검출할 수 있는 주파수대가 달라지며 이는 해당 주파수 대역마다 특화된 다른 종류의 검출기를 이용해야 함을 뜻한다. 예를 들어, 지상에 설치된 중력파 검출기의 경우는 그 주파수 대역이 중성자별 쌍성계BNS, binary neutron star나 블랙홀 쌍성계BBH, binary black hole, 그리고 중성자별-블랙홀 쌍성계NS-BH에 해당한다. 그러나 백색왜성 쌍성계BWD, binary white dwarf의 경우는 그 검출 대역이 매우 낮은 주파수 대역이기 때문에 우주위성 중력파 검출기에 의존해야 한다.

이 쌍성계에서 방출되는 중력파는 통상 세 단계의 과정을 거치게 된다. 그것은 '회전inspiral-병합merging-안정화ringdown'의 과정이다. 회전 과정은 두 별이 상당한 거리를 두고 서로 일정한 공전주기를 통해 회전하고 있는 단계이며, 이 과정에서 두 별은 중력파를 방출하면서 에너지를 잃게 된다. 결국 잃은 에너지는 두 별의 공전궤도가 가까워지도록 만들고 최종적으로 두 별은 병합 과정을 거쳐 하나의 별이 된다. 이 세 단계의 과정에서 방출되는 중력파는 각각 모두 다른 모양의 파동을 발생시키며, 각 단계에서 중력파를 검출하기 위해 분석하는 방법론이 달라진다. 회전 단계의 쌍성은 그 운동을 뉴턴의 고전역학으로도 잘 설명할 수 있고, 그 파형도 잘 알려진 공식으로 표현할 수 있다. 그때 발생하는 중력파 신호는 처프 신호chirp signal*라고 불리는 것으로 시간이 감에 따라 주파수와 진폭의 세기가 점차 증가하는 형태의 파형을 나타낸다.

그러나 병합단계에 들어선 두 별은 이제 폭발적으로 합쳐지며 가장 강한 중력파를 방출하게 된다.[8] 이 병합 과정은 뉴턴의 고전역학으로는 기술할 수 없고 오로지 일반상대성이론의 전역 시뮬레이션full general relativity simulation을 통해 그 모습을 표현할 수 있다. 전역 시뮬레이션이란 아인슈타인의 방정식Einstein's equation을 컴퓨터를 이용해서 수치적으로 풀어내는 방법을 말하며, 이 분야는 현재 슈퍼컴퓨터의 발전과 함께 '수치상대론numerical relativity'이라는 분야로 자리 잡고 있다. 병합 과정을 마친 별은 이제 안정화 단계에 들어서면서 또 다른 형태의 중력파형을 발생시키게 된다. 〈그림6〉에서는 쌍성계가 발생하는 각 단계별 중력파의 파형과 그 분석기법을 보여준다.

쌍성계가 발생시키는 중력파는 대체적으로 특정 시간 동안 발생하는 일시적인 중력파원이므로 이를 순변 중력파원transient gravitational wave source이라고 부른다. 쌍성계의 신호는 질량이 큰 블랙홀과 같은 천체일수록 중력에 의해 급격한 병합 과정이 일어나기 때문에 그 시간은 대략 수 초

---

* 처프chirp는 '짹짹이다'라는 의미로, 주파수와 진폭이 함께 증가하는 파형의 신호이다.

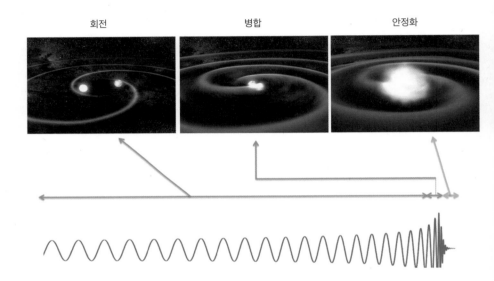

그림6 밀집성 파원의 세 가지 단계와 그 파형. 회전단계에서는 뉴턴의 역학으로 그 파형을 쉽게 계산할 수 있다. 그러나 병합-안정화 과정에서는 훨씬 복잡한 계산을 요구하며 슈퍼컴퓨터의 시뮬레이션을 요구하기도 한다. [NASA 제공]

내외의 짧은 중력파를 발생시킨다. 그러나 백색왜성 쌍성과 같이 오랜 시간 동안 회전단계에 머물면서 중력파를 방출한다면 이는 분류상으로는 쌍성계라 할지라도 연속 중력파원continuous gravitational wave source으로 분류한다.

쌍성계가 발생시키는 중력파는 다음과 같은 간단한 실험을 통해 이해할 수 있다. 작은 공 2개를 막대 같은 것으로 연결해 가운데를 중심으로 물에서 회전시키면 그 회전의 여파로 물결이 퍼져 나아가는 것을 볼 수 있다. 그 막대의 길이나 공의 크기에 따라서 파동의 높이와 간격이 달라짐을 알 수 있다. 이것은 쌍성계가 발생시키는 중력파의 예이다. 점차로 막대의 길이가 줄어들면 그에 따라서 물결의 간격과 높이 역시 달라진다. 시간이 지남에 따라 처프 신호가 만들어지는 좋은 예이다.

아주 급격한 중력파를 발생시키는 천체로는 쌍성계 외에 폭발체burst에 해당하는 천체가 있다. 초신성supernova이나 감마선 폭발체GRB, gamma ray burst와 같은 것이 그것이다. 초신성은 백색왜성과 같은 죽은 별이 주변의 동반성으로부터 물질이 유입되어 에너지를 공급받으면 핵융합의 재점화가 일어나서 폭발의 과정을 거치게 된다. 이 폭발은 동반성과의 병합 과정을 통해 에너지를 공급받게 될 때에도 일어난다. 또는 아주 질량이 큰 별의 중심핵이 붕괴 과정을 거치는 과정에서 중성자별을 만들게 되고, 지속적으로 수축하는 별의 물질이 중성자별 표면을 때려 바깥으로 별의 물질을 폭발적으로 발산하는 경우에도 일어날 수 있다. 이러한 폭발의 과정은 시공간에 급격한 변화를 주어 중력파가 발생한다.

감마선 폭발체 역시 급격한 감마선을 방출하는 천체로서 그 원인과 메커니즘에 대해서는 정확하게 밝혀진 것은 없다. 그러나 주로 중성자별 쌍성계가 병합 과정에서 큰 감마선 에너지를 내고 합쳐지거나 핵붕괴 초신성core-collapse supernova과 같은 에너지를 급격히 방출하는 천체일 것으로 추정하고 있다. 이 천체 역시 순변 중력파를 방출하는 주요 중력파원으로 알려져 있다. 이 폭발체는 마치 잔잔한 물에 갑작스럽게 일으키는 요동을 통해 물결을 발생시키는 것으로 쉽게 이해할 수 있다. 잔잔한 수면에 손가락을 살짝 담그게 되면 물결이 퍼져나간다. 그리고 그 상태로 가만히 두면 시간이 지남에 따라 다시 잔잔한 물결로 돌아온다. 이는 중력파 폭발원에 해당하는 예이다. 질량이 큰 물질이 큰 수면파를 일으키면 지속시간도 길어져서 잔잔한 상태로 돌아오는 데까지 오랜 시간이 걸린다.

또 다른 중력파를 방출하는 천체는 빠르게 회전하는 중성자별이다. 중성자별은 초신성 폭발을 거치고 남게 된 별의 잔해가 중력수축을 통해서 전자와 원자구조가 붕괴되어 중성자로만 이루어진 별로서 그 질량은 대략 태양질량의 1.4배에서 2배 정도이다. 원래 가지고 있던 회전속도가 유지되나 그 별은 놀라울 정도의 고밀도로 수축했기 때문에 매우 빠른 자전속도를 가지고 있다. 마치 피겨스케이트에서 회전연기를 보이는 김연아 선수가 몸의 반경을 작게 만들면 빠른 회전속도를 가지게 되는 이치이다. 이 중성자별은 강한 자기장 등 비정상적으로 발생한 불안정성으로 인해 중성자별의 모양이 구형의 대칭적인 모양에서 약간씩 벗어나는 왜곡을 가지게 되어 중력파의 방출을 일으킨다. 완벽한 원형구조가 아닌 공을 물 위에서 회전시키면 사방으로 물결이 퍼져나가는 것으로 비유할 수 있다.

중력파를 방출하는 주요한 중력파원 중 하나는 빅뱅big bang 이후 우주 초기에 발생한 것으로 생각되는 인플레이션inflation(급팽창)*이며, 이를 원시 중력파 배경복사primordial gravitational-wave background radiation라 부른다. 마치 물이 담겨 있는 그릇을 마음대로 움직일 수 있다고 가정하고 그 그릇을 갑자기 팽창시키면 그 팽창의 여파로 물결이 사방으로 퍼져 나아가고, 시간이 지나도 물결의 여파가 전 영역에 가득 차게 되는 것과 유사한 이치이다. 바이셉2BICEP2나 플랑크Planck 위성 등과 같은 프로젝트들은 전자기파 배경복사 속에 남겨진 중력파의 흔적을 발견하고자 한 것이었고 이는 중력파를 간접적으로 확인하는 것이었다. 원시중력파 배경복사의 발견은 현대우주론을 지탱해왔던 인플레이션 이론의 검증을 의미하는 것이다.

이렇게 다양한 중력파원을 발생하는 천체를 관측하는 것은 하나의 중력파 검출기로는 불가능하다. 발생하는 중력파의 주파수와 세기가 제각각 다르기 때문에 중력파 검출기에 최적화된 천체를 대상으로 하는 중력파원을 목표로 관측하게 된다. 보통 중력파원은 지상 기반 검출기에서 검출할 수 있는 대략 10헤르츠에서 1,000헤르츠 대역의 파원들과 우주 기반 중력파 검출기에서 검출 가능한 10헤르츠 이하의 저주파 대역으로 구분할 수 있다. 각 주파수 대역별 중력파원의 종류와 그 검출 방식에 대한 분류는 〈표2〉에 정리되어 있다.[9] 이렇게 천체로부터 오는 중력파는 그

---

* 빅뱅 이후 우주 초기에 우주가 급팽창했다는 이론이다.

표2 주파수 대역별 중력파원과 그 검출 방식

분류	주파수대역	중력파원	검출기
극한 저주파 대역	10^{-18}~10^{-15}Hz	• 원시 중력파 배경복사	CMB*를 통한 중력파 흔적 검출 (Planck, BICEP2 등)
초저주파 대역	1nHz~1mHz	• 초거대질량 블랙홀 우주 끈 첨점 • 스토캐스틱** 배경 중력파 (초거대질량 블랙홀, QCD 스케일 상전이)	펄서타이밍 배열 Pulsar Timing Array
저주파 대역	1mHz~1Hz	• 10^3~$10^9 M_\odot$*** 사이의 초거대질량 블랙홀 • 극한질량비 회전체 • 왜성/백색왜성 쌍성계 • 스토캐스틱 배경 중력파 (백색왜성 쌍성계, 약전 상전이)	우주 기반 간섭계 (LISA, DECIGO)
고주파 대역	1Hz~10kHz	• 1~$10^3 M_\odot$ 사이의 중성자별 블랙홀 쌍성계 • 초신성 • 펄서, X선펄서 쌍성계 • 스토캐스틱 배경 중력파 (우주 끈, 쌍성병합, 초대칭 스케일 상전이)	지상 기반 간섭계(LIGO, Virgo, KAGRA, GEO)

* 우주배경복사Cosmic Microwave Background Radiation.

** 스토캐스틱stochastic은 광범위 연속적인 중력파의 배경복사로서, 정형화되지 않은 파원들이 광범위하게 뒤섞여 발생하는 것이다. 급팽창 모델, 우주 끈 모델과 같은 우주론적 원인에 의한 것과 여러 천체물리학적 현상에 기인하는 것으로 나뉜다.

*** $M_\odot$은 태양질량을 의미한다.

주파수 대역과 천체의 특성에 따라 다양한 대역에서 검출이 가능하다. 현재까지 인류는 이 신호의 검출을 위해서 다양한 형태의 중력파 관측소를 건설하고 이를 직접적으로 검출하고자 노력해왔다.

제2장

중력파, 마지막 유산을 찾아서

Chapter 01 | 역사의 시작: 웨버 검출기

중력파의 직접적 검출을 위한 실험 도전을 처음 시작한 것은 메릴랜드대학교의 조지프 웨버(1919~2000)에 의해서였다. 그는 1919년 뉴저지 패터슨에서 태어나 세계 대공황 시기에 생계를 위해 하루 벌어먹고 사는 골프 캐디를 전전했다. 그 후 그는 스스로 독학한 라디오 수선 일을 해서 조금 나은 생계를 이어갔다. 그는 미 해군사관학교 공개경쟁시험에서 최고 점수를 얻게 되면서 장학생으로 입학했다. 1940년 과학학사학위를 받고 제2차 세계대전에 해군으로 참전하면서 그의 전문 기술능력을 발휘했고, 곧 숙련된 레이더 조종수와 유능한 항해사로 복무했다. 그리고 '산호해 해전the Battle of Coral Sea'에서 그가 복무하던 미 정규항모 렉싱턴호가 침몰했을 때 극적으로 생존했고, 미 해군의 잠수함 추적함인 USS SC-690의 지휘관이 되었다. 1948년 중령으로 예편했고, 메릴랜드대학교 공대 교수로 임용되었다. 그 임용 조건이 최대한 빠른 시일에 박사학위를 받는 것이어서 그는 물리학을 공부하여 1951년에 미국 가톨릭대학 교the Catholic University of America에서 박사학위를 취득했다.

그는 그 후 프린스턴 고등연구소에서 로버트 오펜하이머Robert Oppenheimer(1904~1967)*, 존 아치볼드 휠러John Archibald Wheeler(1911~2008)** 등과 유대하며 연구를 지속했으며, 프리먼 다이슨Freeman Dyson(1923~)***으로부터 각별한 관심과 격려를 받았다. 그는 특히 1950년대 메이저MASER, microwave amplification by simulated emission of radiation 연구의 개척자였다. 웨버의 메이저와 레이저LASER, light amplification by simulated emission of radiation에 대한 초기 아이디어는 이후 1964년 노벨상 수상자였던 찰스 타운스Charles Townes(1915~), 니콜라이 바소프Nikolai Basov(1922~2001), 알렉산드르 프로호로프Alexandr Prokhorov(1916~2002)에 동시에 영향을 주었다. 세간에서는 웨버의 이 초기 업적의 공로가 이들과 함께 노벨상을 받았거나 아니면 최소한 학계에서 좀 더 가치 있게 인정되었어야 했다고 평가받았다. 이 메이저에 관련된 업적은 그가 받았던 박사학위의 주제가 마이크로파 분광학microwave spectroscopy과 관련된 것이기 때문이었다.

그런 그가 일반상대성이론에 관심을 보인 것은 1955년에서 1956년에 연구연가 동안 방문했던 프린스턴 고등연구소에서 휠러와의 공동

---

* 미국의 원자폭탄 프로젝트인 '맨해튼 프로젝트'를 주도했던 미국의 이론물리학자이다.

** 미국의 이론물리학자이다. 그의 제자인 찰스 미스너, 킵 손과 함께 저술한 『중력Gravitation』은 일반상대성이론의 성전과 같은 명저이다. 그는 최초로 '블랙홀'과 '웜홀'이라는 용어를 만들었다.

*** 영국 출신의 미국 이론물리학자이다. 양자전기역학을 확립하는 데 기여했으며, 외계지적생명체 탐사계획인 '세티 프로젝트'의 탐사 방법론을 제시하기도 했다.

연구와 네덜란드의 레이던대학교Leiden University의 로렌츠 이론물리연구소의 방문 기간 동안 일반상대성이론을 공부하기 시작하면서부터였다. 실제 웨버는 휠러와의 연구기간 동안 주로 중력파의 존재와 그 실험적 검출 가능성에 대한 많은 토론과 논쟁에 시간을 보냈고, 이에 대한 매우 가능성 있는 결과를 담은 논문을 한 편 출간했다.[1] 그리고 1960년 중력파의 검출 가능성과 검출기의 기본적인 아이디어를 담은 또 한 편의 논문을 발표했다.[2] 웨버는 중력파의 실험적 검출뿐만 아니라 그 존재에 대해 잘 알려져 있지 않았던 당시에 실험적 검출을 위한 최초의 아이디어를 제시했으며, 메릴랜드대학으로 돌아온 뒤 1960년대에 '웨버 바Weber bar'라고 불리는 중력파 검출기를 제작하고 실험하기 시작했다. 아인슈타인의 일반상대성이론에서 중력파를 예측한 이후 약 45년이 지난 뒤였다.

웨버의 첫 실험 결과는 1967년《피지컬 리뷰 레터Physical Review Letters》의 논문으로 출간되었는데, 그가 설치한 바 검출기를 가동하여 얻어진 결과였다. 이 결과를 위해서 실험 사전에 검출기 조율detector's calibration이 매우 엄밀하게 수행되었다. 검출기 조율이란 검출기의 기기 특성을 모두 이해하고 그것들이 각종 외부의 환경적 요인, 예를 들면 지상의 진동(자동차, 걸음소리, 지진 등), 기기의 전기장치에 의한 잡음, 음향적 잡음, 온도의 변화에 의한 잡음 등에 최대한 둔감하도록 격리하고, 오직 검출기가 원하는 신호에만 최대한 반응하도록 민감하게 유지하는 것을 말한다. 실제 웨버가 재직했던 메릴랜드대학교에 설치된 바 검출기에서는 메릴랜드대학교 캠퍼스의 골프클럽에서 발생하는 진동 잡음이 모두 기록되곤 했다.

웨버의 바 검출기가 가지는 민감도sensitivity는 1,661헤르츠 근방에서 10^{-16}미터의 길이 변화를 감지할 수 있을 정도였다. 게다가 당시에 주력으로 가동되던 검출기보다 조금 크기도 작고 다른 방식으로 건조된 다른 2대의 바 검출기가 다른 지역에서 여전히 가동되고 있었다. 이 실험 결과로 웨버는 모두 10개의 중력파 이벤트* 후보gravitational wave event candidate를 제시했다. 그러나 웨버는 이 10개를 모두 어떤 다른 요인 때문에 발생한 진동 잡음인 것으로 결론 내렸다. 그 이유는 해당 이벤트가 발견된 시간에 그러한 정도의 세기를 가진 중력파원이라면 이미 상당한 규모의 별의 폭발이나 그 비슷한 것을 관측했어야 하기 때문이다. 또한 그 이전에 이론가들이 주장했던 중력파의 세기는 웨버의 바 검출기의 민감도를 감안하더라도 그보다도 더 작을 것으로 예상되었는 데 반해, 웨버가 발견했던 이벤트들은 그것에 비해 상당히 큰 세기를 주는 무엇인가에 의한 신호라고 생각했다. 그래서 웨버는 이 신호들이 중력파의 발견이 아닌 다른 이유 때문일 것이라고 결론 내렸다.[3]

14개월 뒤인 1968년 4월, 웨버는 자신이 가지고 있었던 규모가 작은 다른 지역의 바 검출기와의 일치 분석coincidence analysis을 적용하여 분석한 새로운 논문을《피지컬 리뷰 레터》에 제출했다.[4] 여기에서 일치 분석이란 양쪽의 검출기에서 검출된 이벤트가 0.2초 이내로 거의 동시에 검출되었는지 여부를 판단하는 것이다. 이 경우 두 곳에서 모두 검출이 되었다면 일치성 판단에서 통과하는 것이다. 즉, 하나의 이벤트가 2대의 검출기에서 동시에 검출되면 이는 일치 이벤트 후보coincidence event candidate로서 간주되며, 지엽적인 가짜 신호의 결과라기보다는 좀 더 확률 높은 신

---

* 이벤트는 중력파의 후보가 되는 신호를 가리키는 용어이다.

호 검출의 징후가 된다. 결과적으로 제시된 것은 4개의 중력파 신호 이벤트였는데, 여기에 웨버는 해당 후보들에 대해서 무작위로 우연히 얻어진 데이터가 이 신호의 세기를 가지게 될 확률PRC, probability of random coincidence도 제시했다. 이는 자신이 검출한 신호의 신빙성을 높이고자 하는 검증 장치였다. 결론에서 그는 여러 잡음을 발생시킬 만한 원인이 되는 요소들을 제거했고 이 결과에 대한 분석이 충분히 낮은 PRC를 보여주기 때문에 각 이벤트가 중력파일 수 있다고 주장했다. 하지만 웨버의 이 주장은 매우 조심스러운 주장이었다.

그러나 1년 뒤인 1969년의 《피지컬 리뷰 레터》논문에서 웨버는 매우 확신에 찬 어조로 새로운 데이터와 그 분석에 대한 결과를 발표했다.[5] 이때까지 웨버는 총 4대의 바 검출기를 가지고 있었다. 이 중 2대는 이 시기에 새로 설치된 것이었다. 하나는 그가 있었던 메릴랜드대학에 위치해 있고, 다른 하나는 서쪽으로 1,130킬로미터 떨어진 시카고 근교에 위치한 국립아르곤연구소Argonne National Laboratory에 위치해 있었다. 그리고 두 검출기는 서로 전화선으로 연결되어 있었다. 각 검출기는 1.5미터 길이에 약 60센티미터의 두께, 그리고 1.6톤가량의 알루미늄 바로 만들어졌으며 극저온 액체 헬륨 가스로 냉각된 것이었다.

웨버의 결과에서 1968년부터의 데이터를 모두 종합해보면 2개의 검출기에서 일치coincidence를 보이는 이벤트는 9건, 3개의 검출기에서 일치를 보이는 이벤트는 5건, 4개의 검출기에서 일치를 보이는 이벤트는 3건이었다. 아울러 우연히 이러한 신호의 이벤트를 검출하게 될 기간(일종의 잘못 검출될 확률probability of false detection)도 제시했는데, 이 이벤트들 중 하나는

그림7 웨버와 그의 상온 공명 바 검출기(위), 2005년 국립서울과학관에서 개최되었던 아인슈타인 특별전에 전시된 웨버의 바 검출기(아래). [메릴랜드대학교 백호정 교수 제공]

'7,000만 년에 한 번꼴'이라는 결과가 주어졌다. 즉, 어떤 우연적인 사건에 의해서 동일한 신호가 발생할 확률이 7,000만 년에 한 번 일어날 수 있는 정도라는 의미였다. 따라서 웨버는 분명히 이 일치된 신호의 이벤트들이 결코 우연일 리는 없으며 진동 잡음이나 전자기파 잡음 등에 의한 것이 아님을 확신하고 분명히 중력파에 의한 것이라고 주장했다.

웨버는 이 중력파가 우리 은하의 중심에서 온 것이라 믿었다. 그가 이렇게 믿게 된 데는 1932년 전파천문학radio astronomy의 탄생을 열었던, 칼 잰스키Karl G. Jansky(1905~1950)의 은하 중심으로부터 방출되는 전파radio wave의 발견에 영향을 받은 것이었다. 그는 그의 바 검출기의 설계와 위치 상 달과 태양으로부터 온 것은 명백하게 아니었으며, 가장 강한 신호가 궁수자리Sagittarius의 방향에 있는 은하의 중심 쪽을 향할 때 발생했다고 주장했다. 그러나 어떤 천문학적 사건이 이 중력파의 원인인지에 대해서는 전혀 알 수 없었고 초신성, 중성자별의 충돌 등이 아니었을까 하는 추측만 난무했다.

웨버는 1969년 신시내티에서 열렸던 중서부 상대론학회에 참석했다. 이곳에 캘리포니아 공과대학교의 킵 손(1940~)이 참석해서 새로 만들어진 중성자별로부터 발생하는 중력파에 대한 자신의 연구를 발표했다. 웨버는 그 자리에서 자신이 실험적으로 중력파를 발견했다고 보고했고 이 자리에 있었던 모든 사람들은 충격을 받았다. 사실 킵 손은 웨버를 오랫동안 알고 지냈고 그가 개척하고 있는 신기술에 매우 관심이 많았다. 킵 손은 웨버가 오랜 기간 함께 일했던 휠러의 제자였다.

발표가 끝나자 웨버는 수많은 갈채를 받았다. 그리고 2주 후 그의

《피지컬 리뷰 레터》논문이 출간되었다. 이후 웨버는 연일 스포트라이트를 받았고 뉴스의 헤드라인을 장식했다. 한 유명한 매체는 웨버의 이 발견이 지난 반세기 동안 물리학에서 가장 중요한 발견이 확실한지에 더 열을 올리며 관심을 가졌고, 웨버의 실험실은 모든 물리학자들의 선망의 대상이 되었다. 언론은 연일 웨버의 실험에 대한 새로운 소식을 전하느라 바빴고, 갑자기 일반상대성이론이 가장 인기 있는 강연 주제가 되었다. 상대론의 학술대회는 자리가 없어 입석에서 학술 발표를 듣기 일쑤였다.

웨버의 결과가 발표된 지 1년도 되지 않아 웨버의 실험을 동일하게 재현하기 위한 실험 장비를 구축하는 그룹이 최소 10개가 넘어섰다. 소련을 위시해서 스코틀랜드, 독일, 이탈리아, 일본, 영국에 중력파 실험 그룹이 만들어졌다. 미국에서는 뉴저지의 벨연구소Bell Laboratory, 뉴욕의 IBM, 로체스터대학교University of Rochester, 루이지애나 주립대학교Louisiana State University, 스탠퍼드대학교Stanford University에 중력파 실험팀이 꾸려졌다. 새로 꾸려진 연구팀들은 웨버의 검출기가 가진 한계를 극복하고 확장된 과학 실험을 하고자 했다. 웨버의 검출기는 그 고정된 크기의 한계 때문에 검출 주파수가 1,661헤르츠에 고정되어 있는 것이어서 이를 극복하고 다양한 주파수 대역에서 실험을 하고자 했다. 그리고 어떤 그룹은 당시 일반상대성이론과 경쟁관계에 있었던 브란스-디키 이론Brans-Dicke theory* 등과 같은 실험적 이론에서의 중력파의 효과를 측정하여 아인슈타인이 옳

---

* 일반상대성이론의 확장이론으로, 중력상수를 변수로 취급하는 이론이다.

았는지에 대한 검증을 목표로 한 그룹도 있었다. 각자 저마다 고유의 과학적 목적을 달성하고 경쟁하기 위해서 새로운 기술이 도입되고, 새로운 검출기의 물질과 부품들이 연구되고 적용되었다. '바 검출기 르네상스'의 시작이었다.

Chapter 03 | 비판, 논란, 그리고 제국의 몰락

1969년 이스라엘의 테크니온시티에서 열린 학술회의는 웨버가 그의 실험결과를 발표한 첫 국제회의였다. 그는 그간의 실험데이터와 그래프들을 포함해서 더욱 확신에 찬 어조로 그가 중력파를 발견하는 데 성공했다는 결론을 내렸다.[6] 그의 발표 자료에는 상당히 많은 그래프와 그림들이 포함되어 있었는데 거기에는 매 24시간마다 기록되어 있는 강한 강도의 신호들과 다른 주기마다 나타나는 신호들이 기록되어 있었다. 특히 발표를 듣던 청중들은 24시간마다 발생하는 중력파의 주기성periodicity과 매 12시간마다 나타나는 기기 잡음의 주기적 성질에 대해 이해하지 못했다. 당시 웨버는 그것들을 설명하고 입증할 만한 부가 자료를 가지고 있지 못했고 이에 대한 질문에 대해 궁색한 답변을 했음에도, 많은 청중들은 이것이 아주 복잡하고 어려운 실험 초기에 발생할 수도 있는 단순한 실수라고 여겼다.

그 이후 실험가들은 웨버의 실험과 다른 새로운 도전적인 실험을 고안하고 그를 통해 새로운 과학적 성취를 달성하느라 여념이 없었다. 그러나 이론가들은 이런 흥분의 도가니에 심취되어 있기만 할 사람들이 아니었다. 웨버의 결과에서 풀리지 않는 것들에 대해 의문을 가지고 탐구하기 시작했다. 그중 하나는 도대체 이 중력파가 어떤 천체로부터 어떤 메커니즘에 의해 발생한 것인가 하는 것이었다. 이 진실게임에 뛰어든 이들 중 한 명은 스티븐 호킹Stephen W. Hawking(1942~)이었다. 그는 동료인 개리 기번스Gary W. Gibbons(1946~)와 함께 웨버가 얻었던 신호가 가질 수 있는 중력파 신호의 형태와 그 가능한 파원에 대해 연구하기 시작했다.[7]

호킹은 웨버의 실험에 기록된 신호는 중성자별이 되기 위해 중력붕괴 과정에 있었던 별에서 온 것일 수 있다고 주장했다. 웨버의 실험에서 검출된 신호가 중력파라고 가정하고 그 방출된 에너지를 고려하면 적어도 지구에서부터 300광년 떨어진 거리 이내에서 새로 탄생하는 중성자별에서 온 것이어야 한다고 주장했다. 그러나 웨버의 주장과 같은 상황이라면 거의 매일 이러한 신호가 발생해야 하고 그것은 그런 신호를 발생시키는 중성자별이 매우 많이 존재해야 한다는 것을 의미했다. 호킹은 웨버가 주장한 대로 약 3만 광년 떨어진 우리 은하의 중심에서 아주 약한 중력파 신호가 발생한다면 어떻게 될까를 가정했는데, 그렇게 된다면 중력파가 지구에 전달하는 에너지는 엄청나게 커야 했다. 그리고 웨버의 주장대로 그러한 신호가 거의 매일 도달해야 한다면 우리 은하는 엄청난 에너지를 잃고 있다는 의미였다. 그러한 규모의 에너지 손실로는 우리 은하가 탄생한 순간부터 오늘날까지 유지될 수가 없었다. 이런 이유로 이론가들은 서서히 웨버의 결과에 대해 의문을 가지기 시작했다. "웨버가 틀리지 않았으면 우리 우주가 정상이 아니다"라는 식의 인식이 퍼져나가기 시작했다.

1972년 윌리엄 프레스William H. Press(1948~)와 킵 손은 웨버가 틀렸을지 모른다는 가능성에 대한 기고문을 썼는데 결론적으로는 웨버의 결과에 대해 완전히 부정한 것은 아니었다. 오히려 웨버의 실험결과가 제대로 설명될 수 있는 여러 가지 다른 가능성을 고찰하고자 했고, 그동안 알려지지 않았거나 새로운 천문학적 사건들이 야기할 수 있는 신호일 수 있다는 다소 옹호하는 입장을 취했다. 하지만 그 이후에 다른 실험가들도 웨버의 결과를 의심하기 시작했다.

웨버와 동일한 실험 기기를 설치하여 실험을 수행한 브래진스키Vladimir Braginsky는 그의 실험에서 아무런 신호도 검출되지 않자 이내 그의 검출기를 더 이상 가동시키지 않고, 오히려 좀 더 민감한 검출기를 제작하는 데에만 힘을 쏟았다. 벨연구소의 타이슨J. Anthony Tyson은 1년간 그가 제작한 바 검출기를 가동했고 아무것도 보지 못했다고 결론 내렸다. 여기에 한술 더 떠서 타이슨은 우리 은하 중심부를 향해서 칠레에 있는 세로 톨롤로 천문대Cerro Tololo Observatory의 광학망원경으로 관측까지 했으나 어떠한 중력파 폭발원도 발견하지 못했다고 보고했다. 타이슨의 벨연구소는 1972년 텍사스 심포지엄에서 웨버와 열띤 논쟁 끝에 웨버가 얻었던 4개월간의 관측 데이터를 제공받고 분석에 들어갔다. 그들은 웨버의 메릴랜드 연구소 근처의 태양의 흑점, 온도, 기압변화의 상관관계를 검증했고, 달과 태양의 기조력 효과 때문에 생기는 아르곤 연구소와 메릴랜드 사이의 지형 변화도 조사했다. 그 과정에서 흔히 디-에스-티 지수 Dst Index, disturbance storm time index*라고 알려진 적도에서의 지구 자기장의 변화와 관련된 주기적 이상이 검출된 신호에 높은 확률로 관련되어 있음을 발견했다. 이는 웨버의 실험결과가 지구 자기장에 직접적인 원인이 있다는 결론은 아니나, 어느 정도는 지상의 요인에 원인이 있음을 알려주는 것이었다. 타이슨은 자신의 분석결과로 결국 웨버의 검출기 조율에 문제가 있지 않았는가 하는 결론에 도달했다.

웨버는 이러한 일련의 비판과 회의론에 대해 두 가지 방식으로 대처했다. 그 하나는 지속적으로 실험결과를 보정하고 데이터를 생성하고 그 분석의 추가 결과를 근거로 그 반대론자들을 설득하고자 하는 정공법이었다. 비판들에 대해 지속적으로 자신의 실험결과의 보정상태를 알리고, 그가 했던 발견들에 대해 설명하고 설득하면서 그들을 자신의 편으로 만들었다. 그리고 지지자들과 함께 그의 연구결과에 대해 가해지는 비판에 끊임없이 반박했다. 이러한 형태로 웨버는 여러 사람과 서신교환, 토론을 통해 자신의 주장이 옳다는 것을 입증하려고 했다. 그러면서도 지속적으로 중력파의 검출을 위한 후속 연구에 대해서도 매우 열정적이었고 열심히 일했다. 그는 찰스 미스너Charles Misner(1932~)와의 서신에서 그가 은하 중심부를 목표로 집중관측을 해서 우주론적인 원인의 중력파를 관측할 가능성에 대해서 연구하고 있다고 말하기도 했다.

그러나 웨버의 검출기와 동일한 바 검출기가 각국에 건설되었을 때

---

* 자기폭풍의 정도를 평가하는 데 사용되는 지자기활동의 측정지수이다.

웨버에게는 나쁜 소식이 전해질 일만 남은 것 같았다. 그 검증 연합군은 1973년 7월에서 1974년 5월까지 약 150일간 검출기를 가동했고 최소한 하루에 1개 정도씩 웨버와 같은 신호를 예상했으나 아무것도 찾지 못했다. 이런 부정적인 소식들은 한계에 다다랐고, 결국 '바 제국Bar Empire'의 전설적인 역사가 몰락의 길을 걷는 수순만 있을 뿐이었다. 이 제국의 몰락에 결정타를 날린 것은 IBM 중력파 그룹의 리처드 가윈Richard L. Garwin (1928~)이었다. 이미 24세에 최초의 수소폭탄(코드명 마이크)의 제조를 위한 설계 작업에 참여했었고 우리가 현대에 쓰고 있는 고속 푸리에 변환fast Fourier transform의 발견과 응용에 산파 역할을 했던 인물이었다.

가윈은 초기부터 웨버가 수행했던 통계처리와 분석법에 의심을 가지고 있었다. 그는 동료 제임스 레바인James Levine과 6개월 안에 118킬로그램짜리 바 검출기를 제작했고 1973년에 한 달 동안 가동했다. 그리고 잡음으로 보이는 신호 하나를 검출했다. 가윈은 후에 로체스터대학교 그룹의 데이비드 더글러스David Douglas로부터 적어도 웨버가 발견한 매일 발생하는 이벤트들의 상당 부분은 컴퓨터 오류의 결과라는 이야기를 들었다. 더글러스는 웨버의 두 검출기 사이의 일치성을 확인하는 프로그램에 오류가 있음을 알고 있었다. 웨버는 자신의 검출기와 더글러스의 검출기의 신호 사이에서도 일치성을 찾아냈다고 항변했지만 그것은 불가능한 일이었다. 왜냐하면 두 그룹은 그 신호가 발견되었을 때 다른 표준시간대를 사용하고 있었기 때문이었다. 실제 한 그룹은 동부 표준시간을, 다른 그룹은 그리니치 표준시간을 사용했다. 따라서 가윈과 그의 동료들에게 이 결과는 웨버의 주장을 정당화하기 위해 데이터를 선택적으로 조작한 것으로 보이는 명백한 증거였다.

1974년 MIT에서 열린 제5차 상대론학회에서 가윈과 웨버가 만났으나 둘 사이가 그동안 너무도 악화되었고 학회기간 내내 냉랭한 분위기가 조성되었다. 심지어 두 사람이 분노에 찬 모습으로 서로 다가가자, 필립 모리슨Phillip Morrison이 그가 가진 지팡이로 둘 사이를 강제로 떼어놓기까지 했다. 둘의 싸움은 학회 후에도 《피직스 투데이Physics Today》의 서신교환을 통해서 계속되었다. 결국 가윈은 웨버가 사용한 일치성 분석에 오류가 있었다고 내내 주장했고 그 효과를 직접 컴퓨터 시뮬레이션을 통해 증명했다. 그는 무작위 데이터를 가지고 복잡하고 가파른 잡음 더미들 속에서도 신호처럼 보이는 것을 인위적으로 만들어낼 수 있음을 증명해 보였다. 웨버에게는 다시는 회복할 수 없는 케이오 펀치였다.

Chapter 04 | 치유와 기회: **차세대 아이스 바**

MIT 학회 2주 후 이스라엘 텔아비브에서 제7차 일반상대성이론 및 중력 국제학회The Seventh International Conference on General Relativity and Gravitation가 열렸다. 2주 전의 충격에도 불구하고 바 검출기의 전문가들은 여전히 자신의 길을 걷고 있었고 그 성과들을 발표하고 토론했다. 웨버의 결과에 비록 문제가 있었으나 그것은 오히려 다른 이들에게 기회일 수 있었다. 이제 중력파의 첫 검출의 화려한 영광의 기회가 누구에게나 주어진 것이기도 했기 때문이었다. 황제가 물러나고 춘추전국시대가 된 형국이었다. 각 연구진들은 최신 실험 기술들을 개발하고 데이터들을 공유했으며 방법론과 결과들에 대해 신랄한 비판과 조언을 아끼지 않았다. 이 학회에서 글래스고대학의 로널드 드레버Ronald Drever*는 그의 검출기로 7개월간의 가

---

* 로널드 드레버는 후에 킵 손, 라이너 와이스와 함께 라이고 실험의 공동 제창자 중 한 사람이 된다.

동 결과를 발표하면서 중력파로 보이는 어떠한 신호도 발견하지 못했다고 보고했고, 이어서 그는 다음과 같은 의미심장한 말을 했다.

"나의 목표는 웨버의 실험이 옳은지 틀린지를 검증하려고 하는 것이 아니라 중력파를 찾고자 하는 것이다."[8]

이제 연구진들은 서서히 웨버의 열병에서 나아가고 있었고, 다시금 목표를 찾아 경쟁하기 시작했다. 그 새로운 도전 목표와 열정은 신기술이 가미된 검출기로 중력파를 찾아 떠나는 2단계의 여정으로 이어졌다. 바로 텔아비브 학회의 분위기가 그랬다. 중력파 사냥꾼들은 이제 더 이상 우리 은하에서 거의 30년마다 발생할 가능성을 가진 초신성 폭발을 앉아서 기다리고 있으려고만 하지 않았다. 그들은 검출기의 관측 영역을 넓혀, 가능하다면 1년에 수십 개의 중력파원을 관측할 수 있는 검출기 설계에 관심이 있었다. 더 이상 웨버의 결과에 대해서 논하기보다는 차라리 5,000만 광년 떨어진 처녀자리 성단 너머의 은하에서 오는 초신성 폭발을 검출하기 위해서 바 검출기의 민감도가 얼마나 되어야 하는가 열띤 토론을 했고 흥미로워했다. 이를 위해서는 1974년의 민감도 표준보다 약 100만 배에서 100억 배 정도가 향상되어야 했지만 새로운 천문학을 시도하려는 이들에게는 전혀 문제될 것이 없었다.

텔아비브 학회에서 드레버는 "100퍼센트 확신할 순 없지만 웨버의 결과는 아마도 틀린 것 같다"라고 결론 내렸고 모든 사람이 이에 동의하고 있었다. 그리고 아무런 성과는 없었지만 중력파 검출 실험이라는 분야의 저변이 넓어지고 활기를 띠게 되었다는 점을 지적했다. 또한 그는 레이저를 이용한 신기술과 새로운 개념의 검출기를 고려해야 할지도 모른다고 암시했으며, 이를 통해 새로운 천문학이 어떤 모습이 될지에 대해 앞으로 많은 진전이 있을 것이고 미래에는 중력파원들로 가득 찬 우주 중력파 지도를 만들 수 있을 것이라고 기대했다.

이처럼 웨버의 열병을 앓고 난 뒤 연구진들은 훨씬 더 성숙해졌고, 더 많은 경험을 가지고 더 나은 기술을 적용하기 위한 결의를 다졌다. 웨버의 결과가 틀렸다는 실망스러운 결과와는 사뭇 다른 분위기였다. 웨버가 했던 방식으로 불가능한 것처럼 보였던 중력파가 직접 검출될 수 있을 것이라는 희망을 보았고, 새로운 목표를 통해 그 전의를 가다듬는 중이었다. 그런 의미에서 웨버가 비록 몰락한 제국의 황제였지만 새로운 시대를 열었던 선구자였음을 누구도 부인할 수 없는 것이었다.[*]

웨버는 점차로 잊혀갔고, 그 후 수년 뒤에 이따금 모습을 드러냈다. 이때에도 여전히 웨버는 그가 중력파를 발견했었다는 주장을 굽히지 않았다. 간혹 로마대학교University of Rome에서 일주일 분량의 데이터를 가져다 메릴랜드 그룹의 상온 바 검출기의 데이터와 비교했고, 1982년에는《피지컬 리뷰 D》에 이 두 데이터의 상관성에 대한 분석결과를 발표했다. 웨버는 즉시 이것이 중력파를 발견한 추가적인 증거라고 주장했으나 로마대학교 그룹에서는 그것은 단순히 배경 잡음일 뿐이라고 반박했다.

---

[*] 1972년 타이슨은 "웨버의 실험이 없었다면, 우리는 오늘날 누구도 중력파 검출 실험이 가능하다는 것을 알지 못했을 것이다. 웨버는 이제 멈출 수 없는 기관차를 작동시킨 셈이다"라고 말했다.

이제 제2세대의 '극저온 바 검출기의 시대'가 본격적으로 열렸다. 바 내부의 열 진동 잡음을 없애기 위해 극저온 액체 헬륨이 사용되었다. 앞에서 잠시 언급한 바와 같이 이 시기의 모든 바 검출기들은 극저온 장치를 달고 있었다. 이를 주도한 이는 스탠퍼드 그룹의 윌리엄 페어뱅크William M. Fairbank(1917~1989)였으며 그 자신이 극저온 기술의 전문가였다. 이를 이용함으로써 바 검출기의 민감도는 웨버의 검출기보다 100배 정도 예민해졌다. 그러나 1989년 발생한 캘리포니아의 로마 프리에타 지진Loma Prieta earthquake으로 스탠퍼드 검출기는 심각한 타격을 입었다. 처음부터 다시 재건하기에는 비용이 너무 많이 소요되었기 때문에 스탠퍼드 검출기는 문을 닫았다. 하지만 여전히 그것과 동일한 바 검출기는 루이지애나 주립대학에 건설되어 있었다. 윌리엄 해밀턴William O. Hamilton과 워렌 존슨Warren Johnson은 루이지애나 주립대학에 더 향상된 바 검출기를 제작하고 알레그로ALLEGRO, A Louisiana Low-temperature Experiment and Gravitational Radiation Observatory라 이름 붙였다.*

알레그로는 혼자가 아니었고 당시 극저온 바 검출기가 전 세계에서 가동되고 있었으며 이제 그들이 서로 데이터를 공유하고 함께 가동하는 검출기 네트워크를 구성했다. 제3세대 바 검출기 시대였다. 이탈리아 프라스카티 그룹의 노틸러스NAUTILUS, 이탈리아 레그나로 그룹의 오리가

---

* 필자가 2009년 루이지애나 주립대학을 방문해 워렌 존슨으로부터 알레그로 이름에 대해 들었을 때 매우 훌륭한 작명이라고 생각했다. 왜냐하면 알레그로 검출기가 '가청 주파수 영역의 중력파의 소리를 듣는 기기'라는 의미였기 때문이었다.

AURIGA, 유럽입자물리연구소의 익스플로러EXPLORER, 호주의 니오베NIOBE
가 있었다. 수차례에 걸친 네트워크 분석을 통해서도 여전히 그들의 데
이터에는 중력파 신호는 검출되지 못했다. 그 검출기들의 검출 주파수
대역은 700~1,000헤르츠 대역이었다. 이와 병행하여 다음 세대의 야심
찬 바 검출기 디자인도 시작되고 있었다. 그 모델은 구면형 검출기spherical
detector였다. 그레일 프로젝트Grail Project라 불리는 이것은 네덜란드의 대학
들과 연구소들의 컨소시엄이 추진하는 3미터 구형 구리합금으로 만들
어진 극저온 검출기였다. 그러나 이 프로젝트는 향후 연구비를 지원받지
못해 취소되었다.

1987년 2월 23일 대마젤란운Large Magellanic Cloud 근처에서 초신성이 폭발하
는 사건이 일어났다. 지구에서 약 16만 8,000광년 떨어진 비교적 가까운
거리였고 육안으로도 관측이 가능한 큰 사건이었다.* 이 초신성은 초신
성 1987A$^{SN\ 1987A}$라고 명명되었다. 우리 은하 내에서 폭발한 케플러 초신
성$^{Supernova\ 1604}$ 이후 380년 만에 지구에서 가장 가까운 곳에서 폭발한 큰
사건이었다.

　　그러나 운이 다했던 것이었을까? 이 당시에 가동 중이었던 제2세대
극저온 바 검출기는 1대도 없었다. 대신 몇 대의 상온 바 검출기가 가동
하고 있었고, 그중 하나가 웨버의 상온 바 검출기였다. 이즈음에도 웨버
는 계속해서 실험을 하고 있었으나, 정기적인 데이터의 공표는 하고 있

---

* 이 초신성 폭발은 남반구 하늘에서만 관측이 가능했다.

그림8 루이지애나 주립대학에 설치되어 있는 알레그로 극저온 바 검출기(위)와 알레그로에 대한 설명을 듣는 한 국중력파연구단 회원들(아래). 가운데 설명하는 이가 바로 알레그로의 책임자였던 워렌 존슨이다. [오정근 촬영]

지 않았고 아주 가끔 나와서 결과를 리포트하는 정도였다. 웨버는 1987년 봄 미국 물리학회에서 그의 바 검출기 중 한 곳에서 배경 잡음을 뛰어넘는 신호가 검출되었다고 발표했다. 초신성 폭발 주변의 수 시간 동안의 신호였다. 로마대학교에서 운영되던 유럽입자물리연구소에서도 역시 같은 시간대에 신호를 검출했다고 보고가 되었다. 그러한 신호는 이탈리아의 몽블랑 중성미자 검출기Mont Blanc neutrino detector, 미국의 IMB 검출기 Irvine-Michigan-Brookhaven neutrino detector*, 일본의 카미오칸데Kamiokande라 불리는 카미오카 관측소Kamioka Observatory의 중성미자 검출기 같은 입자 검출기에서도 포착되었다. 웨버와 이탈리아 그룹에서 주장하기로는 두 곳에서의 일치성을 나타내는 확률은 1,000분의 1에서 1만 분의 1 정도였다.

그러나 학계에서는 이 두 그룹(로마-메릴랜드)의 결과를 그들의 분석에 문제가 있기에 중력파를 찾은 것이 아니라고 결론 내렸다. 몽블랑 검출기의 결과는 판단 불가였고, IMB 검출기와 카미오칸데는 초신성을 관측한 것임이 입증되었다. 초신성이 폭발하게 되면 가장 먼저 중력파가 발생하고, 수백만 분의 1초 뒤에 중성미자 섬광이 발생하고, 그 이후 가시광선 빛이 방출되어 순차적으로 지구에 도달한다. 따라서 미국과 일본의 중성미자 검출기에서는 이 초신성 폭발로부터 발생한 중성미자를 검출하는 것에 성공했다. 그러나 중력파 검출을 위한 바 검출기에서는 초신성에 의한 중력파 검출은 실패한 것이었다.

2009년 파키스탄 국립과학기술대학의 물리학자인 카디르Asghar Qadir

---

* 오하이오의 페어포트 광산에 있다.

는 그의 논문에서 웨버가 1987년 초신성 폭발에 대해 발표한 것이 재평가되어야 한다는 의견을 내놓았다.[9] 그는 우주에서 오는 중력파가 구면 대칭성에서 벗어나는 비대칭 형태로 전파되면 그 세기가 1만 배 정도 강해진다고 분석했고, 1987년의 초신성의 형태도 이 비대칭 형태를 띠고 있었기 때문에 웨버의 검출기로 중력파를 찾았을 수도 있었다고 주장했다. 그러나 이 주장은 오늘날 중력파 학계에서 널리 받아들여지지 않았다.

웨버는 성공한 삶을 살았던 물리학자였다. 후대의 평판과 평가가 학계에서 점차로 잊혀가고 신뢰를 잃었지만 그것은 그를 제대로 평가하는 잣대는 아니었다.

그는 리투아니아 아버지와 라트비아 어머니의 이민자 가정에서 태어나 스스로의 힘으로 해군사관학교에 입학했고 지휘관이 되었다. 이것은 그의 말을 빌리면 "가난했던 외국 이민자 촌놈이 이렇게 출세했다는 것은 거의 기적에 가까운 것이다." 그는 네 형제 중 막내로 태어난 것이 우선 행운이었다. 그의 형제들은 모두 일찌감치 생계를 책임져야 했기에 웨버는 홀로 학업에 전념할 수 있었기 때문이었다. 그는 일찌감치 이민자로서의 삶에서 미국의 주류사회에 편입하고자 노력했다. 그 일환으로 택한 것이 해군사관학교였다. 두 번째 행운은 제2차 세계대전 중에 일어났다. 그가 승선하기로 한 미 주력 항모 렉싱턴 호가 2일 만에 '산호해 해전'에서 일본군의 공격으로 침몰했고 거기서 웨버는 극적으로 살아남았다. 만일 그렇지 못했다면 중력파 실험의 일가를 이끌었던 '바 제국'은 없었을지도 모른다. 그의 세 번째 행운은 메이저와 레이저의 이론과 개발에 중요한 선구자 중 한 명이었음에도 노벨상을 받지 못했던 것이다.*
왜냐하면 그는 메이저와 레이저의 중요한 기술에 대한 아이디어가 있었음에도 연구비가 없어 독자적인 모델의 실험 장치를 제작하지 못했다. 그 때문이었는지 노벨상은 웨버를 제외한 타운스, 바소프, 프로호로프에게 돌아갔다. 웨버는 "세상이 그런 식으로 돌아가는지 몰랐다"라고 이야기했다.

연구연가 동안 웨버는 일반상대성이론에 심취했다. 그는 "양자전자공학quantum electronics으로는 더 이상 연구비를 얻을 수가 없을 것이고 나는 다방면에 관심이 많다"라고 종종 말하곤 했다. 이 시기에 웨버는 휠러와 함께 중력파에 대해 연구하고 있었다. 만일 웨버가 노벨상을 받았었더라면 어떻게 되었을까? 그 관성으로 그는 중력파에 관심을 돌리기보다는 레이저, 메이저와 관련된 일로 평생을 보냈을 수도 있었다.

어쨌든 웨버는 중력파 검출 실험이 실제로 도전 가능하다는 것을 홀로 증명해냈고, 비록 그것이 틀린 것으로 끝났지만 새로운 분야의 희망을 보여주었다. 그로 인해 수많은 중력파 검출 안테나가 건설되었고 부가적인 기술들이 발전했다. 그 열풍은 당시로서는 실로 대단한 것이었다. 웨버는 그 찬사를 한 몸에 받았으며 그야말로 진정한 선구자이자 개

---

* 이것은 중력파 검출 실험의 입장에서 바라본 필자의 개인적인 생각이다.

척자였다. 그리고 사람들은 웨버를 넘기 위해 이전에 하지 못했던 수많은 실험적 도전과 시도들을 하는 데 거리낌이 없었다. 그리고 어떻게 사람들과 협력하고 그 네트워크를 구축해야 하는지도 배웠다. 중력파 실험의 거대화를 통한 전 지구적 협력체계를 갖추는 중요한 교훈을 배운 것이었다.

그리고 무엇보다도 중요한 것은 과학적 발견이 과학계의 엄중한 증명을 통해 검증하는 방법과 절차가 자연스럽고 냉정하게 이루어졌다는 사실이었다. 그것이 과학이 발전하는 방식이었다. 웨버는 개인으로서도 영광과 몰락을 한순간에 경험한 풍운아였다. 영광의 순간에 그는 전 세계에서 영웅으로 추앙받았다. 그러나 서서히 내리막을 걷게 되면서도 연구의 열정과 집념의 끈을 놓지 않았다. 스스로 자신의 바 검출기를 개선하고 실험하고 비교하는 과정의 연속이었다. '바 제국'의 황제다운 모습이었다. 비록 1970년대 발표한 실험의 결과가 그의 오류로 결론 나고 1987년의 초신성에 관한 실험 보고가 학계에서 거부당했지만, 그 사실로 인해 그가 개척해서 걸어왔던 그 길 뒤의 수많은 사람들 중 중력파 실험의 역사에서 그가 지워져야 한다고 생각하는 사람은 아무도 없었다.

1987년의 초신성 실험의 결과 발표 이후 웨버의 오랜 연구비 지원기관이었던 미국과학재단National Science Foundation의 모든 연구비 지원이 끊겼다. 혹자는 "만일 웨버가 그의 데이터와 실험에 대한 비판을 좀 더 수용하고 겸허하게 받아들였다면 그는 중력파 실험의 학계에서 변방으로 밀려나지 않고, 훨씬 더 추앙받고 영예로운 회원으로 대접받았을 것이다"라고 말했다. 피터 솔슨Peter Saulson*은 "모든 증거들을 들이댔는데도 그는 여전히 그의 입장을 고수했다. 그것이 웨버의 치명적인 실수 중 하나였다"라고 말했다.

웨버는 1990년대 중반 부인의 조언에 영감을 얻어 미 항공우주국 NASA으로 자리를 옮겨 나사에서 추진하는 감마선 관측소인 BATSEBurst and Transient Source Experiment 프로젝트에 참여했다. 그의 부인은 저명한 천문학자인 버지니아 트럼블Virginia L. Trimble이었다. 그는 첫 부인을 사별하고 1972년 그가 한창 중력파 실험으로 명성이 높을 당시 막 캘리포니아대학교 어바인캠퍼스 교수로 부임한 신참 천문학자인 그녀와 재혼했다. 그러나 현 시점에서 부인의 명성은 웨버를 뛰어넘을 정도였다.** BATSE는 1991년에 나사가 쏘아올린 전천탐색all-sky survey 감마선 폭발체 검출기였고 이 데이터를 자신의 바 검출기 데이터와 비교 분석을 하는 것이 임무였다. 나사로부터 1만 달러의 연구비를 지원받아 연구원을 고용하고 실험데이터를 분석했는데, 1991년 6월에서 1992년 3월까지 BATSE가 찾아낸 80개의 감마선 폭발체 데이터 중 20개가 0.5초 이내로 일치성을 보여준다는 것을 찾아냈고 웨버는 이 일치성이 60만 분의 1이라고 주장했다.

이 감마선 폭발체의 프로젝트에 참여한 것은 웨버가 결국 자신이 옳다는 것을 증명하고자 하는 희망이 있었기 때문이었다. 그러나 이후에 그는 "내 실험결과 중 일부는 정말로 잡음이었을 수도 있었다"라고 인정

---

* 현재 레이저 간섭계 중력파 관측소인 라이고의 초기 개척자로 현 시라큐스대학 교수로 있다.

** 그녀는 국제천문연맹과 미국천문학회의 부위원장 직을 역임하기도 했다.

했지만, 감마선 폭발체라는 확고한 증거가 그를 뒷받침해주고 있다고 여전히 생각했다.

> "내게 확실한 것은 죽음과 세금뿐이다. 하지만 내가 중력파를 찾았다는 증거는 훨씬 더 확실한 것이다."*

이후 미 항공우주국은 더 이상 그에게 데이터 비교에 대한 연구지원을 지속하지 않았다. 그동안의 작업들은 이탈리아 학술지인 《누오보 시멘토Nuovo Cimento》에 출간되었지만 논란이 많은 결과를 포함하고 있다는 공지를 붙이고서야 출간된 것이었다. 이제 아무도 그의 말을 듣지 않았고, 사람들은 그를 거짓말을 일삼는 양치기 소년으로 치부해버렸다. 그는 잊혀갔고 이제 더 이상 상온 바 검출기에서 나온 결과들은 아무도 믿지 않았다. 그는 레이저 간섭계형 중력파 검출기인 라이고가 첫 가동되기 2년 전인 2000년 9월 30일 암의 일종인 비호지킨씨 림프종의 합병증으로 세상을 떠났다. 향년 81세였다. 그의 첫 상온 바 검출기는 현재 워싱턴 D.C.에 있는 스미스소니언박물관Smithsonian Institution에, 다른 상온 바 검출기는 메릴랜드대학교로부터 기증되어 라이고 핸퍼드Hanford 관측소에 전시되어 있다(〈그림9〉).

---

* 이 벤저민 프랭클린의 말을 인용해서 단언할 정도로 웨버는 말년까지 그의 주장을 굽히지 않았다.

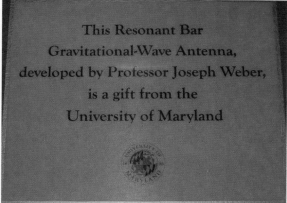

This Resonant Bar
Gravitational-Wave Antenna,
developed by Professor Joseph Weber,
is a gift from the
University of Maryland

그림9 웨버의 사후 라이고 핸퍼드 관측소에 기증되어 전시되어 있는 조지프 웨버의 초기 공명 바 중력파 검출기
[라이고 과학협력단 제공]

중력파의 직접 검출을 위하여 인류는 현재까지 여러 모습의 중력파 검출기를 건설하고 실험을 해왔다. 첫 세대의 중력파 검출기는 1960년대 후반에서 1970년대 중반까지를 주도했던 '바 검출기bar detector'로서 지름 수십 센티미터, 길이 수 미터, 무게 약 1톤의 단단한 금속 실린더 모양을 가진 막대였다. 이 막대를 진공탱크에 넣고 가능한 한 모든 방해요소를 차단시켜 중력파가 지나갈 때 반응하는 진동을 검출하도록 고안된 것이었다. 이것은 '상온 공명 바 검출기room temperature resonant bar detector'라고도 불렸다. 이 시기의 상온 공명 바 검출기들은 조지프 웨버의 선구자적 실험과 그에 따르는 많은 다른 연구자들에 의해 건설되고 실험되었다. 다음 12개의 상온 공명 바 검출기는 1960년대에서 1980년대 사이에 건설되고 가동되었던 조지프 웨버의 후예들이다.[10]

- 모스크바(러시아): 1.2톤짜리 2개의 알루미늄 바로 구성되어 서로 20킬로미터 떨어진 검출기.
- 벨연구소(미국): 3.7톤짜리 1개의 알루미늄 바 검출기.
- 로체스터대학교(미국): 3.7톤짜리 1개의 알루미늄 바 검출기. 벨연구소 검출기로부터 420킬로미터 떨어져 있다.
- IBM(미국): 118킬로그램짜리 1개의 알루미늄 바 검출기.
- 브리스톨 그룹(영국): 같은 진공 챔버에 평행하게 위치한 2개의 분리형 알루미늄 바 검출기.
- 리딩-러더퍼드 연구소(영국): 총 625킬로그램짜리 알루미늄 바를 2개로 분리해 서로 30킬로미터 떨어뜨려 만든 분리형 바 검출기.
- 글래스고(스코틀랜드): 총 300킬로그램짜리 알루미늄 바를 2개로 분리해 서로 50미터를 떨어뜨려 만든 분리형 바 검출기.
- 도쿄대학교(일본): 1.4톤짜리 2개의 알루미늄 바 검출기.
- 뮌헨-프라스카티 그룹(독일-이탈리아): 1.2톤짜리 2개의 알루미늄 바로 구성되어 서로 700킬로미터 떨어진 검출기.
- 중산대학교(중국): 2톤짜리 1개의 알루미늄 바 검출기.
- 베이징대학교(중국): 1.3톤짜리 1개의 알루미늄 바 검출기.
- 뫼동 그룹(프랑스): 원뿔형 중력파 검출 안테나.

대략 1970년대 중반에서부터 1990년대 중반까지를 풍미했던 제2세대 바 중력파 검출기는 액체 헬륨4K* 혹은 그 이하의 온도로 냉각을 시켰던 극저온 기술을 이용한 극저온 바cryogenic bar 검출기였다. 극저온 기술을 이용한 중력파 검출기에 적극적이었던 그룹은 스탠퍼드 그룹이었다. 그때까지 스탠퍼드 그룹은 변변한 상온 공명 바 검출기를 가지고 있지 못했기 때문에 새로운 기술을 도입한 신형 중력파 검출기에 대해 호의적이고 적극적이었다. 이를 주도했던 사람은 스탠퍼드대학교 물리학 교수였던 윌리엄 페어뱅크였다.[11] 그는 루이지애나 주립대학교의 윌리엄 해밀턴, 서부호주대학교University of Western Australia의 데이비드 블레어David Blair 등과 교류하면서 극저온 바 검출기에 대한 제안을 구체화했다. 이는 스탠퍼드 그룹과 함께 새로 중력파 검출기를 계획하는 루이지애나 주립대학교, 서부호주대학교, 이탈리아의 로마대학교, 캐나다의 레지나대학교University of Regina, 그리고 이탈리아 파도바에 위치한 국립핵물리연구소INFN의 레그나로 그룹Legnaro group이 극저온 바 검출기를 추진하는 데 영향을 주었다.

중력파를 측정하는 데 있어서 핵심적인 요소 중 하나는 중력파 신호와 관련이 없는 기기 잡음instrumental noise을 미리 제거하거나 감소시켜야 하는 것이었다. 그중 하나가 바 검출기의 구조적 특성으로 인해 발생하는 것으로, 알루미늄 바의 원자들의 열진동thermal vibration 운동이 중력파와 무관하게 바를 떨게 만드는 열잡음thermal noise이었다. 바로 이 열잡음을 감소시키는 방법으로, 바를 극저온으로 냉각함으로써 바의 원자들의 열진

---

* 절대온도 4KKelvin로, 영하 269도에 해당한다.

동을 감소시키는 방법이 고안된 것이다.[12]

　보통 바 검출기는 그 민감도가 $10^{-18}Hz^{-1/2}$ 수준이며 진동수 영역은 대략 700~900헤르츠 대역이다. 이 영역에서의 민감도는 대략 우리 은하 내에서 발생한 중력파 폭발gravitational wave bursts을 검출할 수 있을 정도의 민감도에 해당한다. 현재까지 전 세계적으로 5대의 극저온 바 검출기가 가동되어왔으나 발견된 중력파원은 없는 것으로 결론 내려졌다. 1993년부터는 IGECInternational Gravitational Event Collaboration[13]라 명명된 극저온 바 검출기가 협력 체제를 이루었다. 이를 제3세대 바 중력파 검출기 시대라 부른다. 이 5대의 극저온 바 검출기는 다음과 같다.

- 알레그로ALLEGRO : 미국 루이지애나 주립대학에 설치된 극저온 바 검출기로, 6K로 냉각된 극저온 장비를 사용한다. 900헤르츠 대역에서 $7 \times 10^{-19}Hz^{-1/2}$의 민감도를 보여준다. 1993년 폭발한 초신성 SN1993J의 이벤트가 포함된 데이터에서 중력파 신호를 찾지 못했다. 해당 진동수 대역이 라이고 대역과 중복이 되기 때문에 2007년 4월 가동이 중지되었다.

- 오리가AURIGA : 이탈리아 레그나로에 있는 국립핵물리연구소INFN에 설치된 극저온 바 검출기이다. 0.1K로 냉각된 극저온 알루미늄 바를 이용하며, 900헤르츠 대역에서 $3 \times 10^{-19}Hz^{-1/2}$의 민감도를 보여준다.

- 익스플로러EXPLORER : 스위스 유럽입자물리연구소CERN에 설치된 극저온 바 검출기로, 로마대학교에 의해 운영된다. 2K로 냉각된 알루미늄 바를 이용하며 906~923헤르츠 대역에서 $7 \times 10^{-19}Hz^{-1/2}$의 민감도를 보여준다.

•노틸러스NAUTILUS : 이탈리아 프라스카티의 국립핵물리연구소에 의해 운영되는 극저온 바 검출기이다. 0.1K로 냉각된 극저온 알루미늄 바를 이용하며 908~924헤르츠 대역에서 $6 \times 10^{-19} Hz^{-1/2}$의 민감도를 보여준다.

•니오베NIOBE : 호주 퍼스에 있는 서부호주대학교에 의해 운영되는 극저온 바 검출기로 5K로 냉각된 니오븀 바를 이용한다. 700헤르츠 대역에서 $5 \times 10^{-19} Hz^{-1/2}$의 민감도를 보여준다. 역시 현재 운영이 종료되었다.

이 5대의 극저온 바 검출기에 대한 제원을 〈표3〉에 요약했다.

극저온 바 검출기는 기술적으로 검출기 민감도가 그리 충분히 좋지 못했고, 가장 좋은 민감도에서도 매우 좁은 주파수 영역대만을 검출할 수 있는 한계를 가지고 있었다. 따라서 실제적인 중력파 검출을 위해서 새로운 형태의 중력파 검출기를 요구하게 되었고, 그다음 바통은 이전의 바 검출기와 전혀 다른 개념의 레이저 간섭계laser interferometer를 이용한 검출기에게 넘겨주게 되었다.

표3 제2세대 극저온 바 검출기의 제원

명칭	위치	가동시작	공명주파수	바 질량	온도	이론 민감도	실험 민감도
익스플로러	스위스	1990	907–923Hz	2,270kg 알루미늄	2.5K	1.7×10^{-20}	6×10^{-19}
알레그로	미국	1991	897–920Hz	2,300kg 알루미늄	4.2K	2.2×10^{-20}	6×10^{-19}
니오베	호주	1993	710Hz	1,500kg 니오븀	5.7K	$\sim 10^{-20}$	6×10^{-19}
노틸러스	이탈리아	1995	906–921Hz	2,350kg 알루미늄	95mK	3.9×10^{-21}	4×10^{-19}
오리가	이탈리아	1995	920Hz	2,300kg 알루미늄	100mK	4×10^{-21}	4×10^{-19}

제3장

레이저
전쟁

Chapter 01 | 새로운 시작의 준비: **바를 넘어서**

바 검출기의 한계는 가장 민감한 영역에서 넓은 검출 주파수 대역을 관측하지 못한다는 점이었다. 그 말은 측정할 수 있는 중력파원의 후보가 매우 제한적이라는 의미이다. 그러한 한계를 넘고자 하는 많은 새로운 유형의 검출기 아이디어가 이미 1960~1970년대부터 병행하여 연구되고 있었다. 그중 하나는 이전 장에 잠시 소개했던 구면형 중력파 검출기 spherical gravitational wave detector로, 이것도 역시 바 검출기와 마찬가지로 공명 질량 검출기resonant-mass detector의 일종이었다.

이 구면형 공명 질량 검출기는 중력파 검출에 아주 자연스러운 모양이라 제안되었다.[1] 웨버 바와 같은 실린더형 검출기가 1개의 중력파 사중 편광모드 성분에 효과적인 반면, 이 구면형 검출기는 5개의 사중 편광모드에 대해 효과적이었다. 그리고 중력파의 도달 방향과 편광의 다른 조합들에 대해 아주 민감하다는 것이 알려졌다. 더구나 구면형 기기는 같은 크기, 물질, 진동 주파수를 가지는 바 검출기보다 질량을 훨씬 크게 할 수 있고, 구형 모양은 중력파의 두 편광모드에 모두 민감하게 반응하며, 중력파에 대한 구형의 민감도는 등방적isotropic이다.[2] 예를 들어, 중력파의 편광모드 때문에 구형 검출기의 적도 부분이 부풀어 오르고 극지방이 수축하게 되고, 다시 이것이 반대로 진동하는 형태이다. 이러한 이유로 구면형 검출기의 건설에 대한 프로젝트가 차세대 후보로서 추진되고 있었다.

그 하나는 미국의 루이지애나 그룹에서 추진한 티가TIGA, Truncated Icosahedral Gravitational wave Antenna라 불리는 것으로, 1995년 메르코비츠Merkowitz와 존슨 Johnson이 제안했다.[3] 티가의 표면은 20개의 육각형과 12개의 오각형으로 이루어진 32개의 평평한 조각으로 구성되어 있었고 두 번째 진동기는 6개의 오각형 표면이 붙어 있었다. 약 25톤의 질량에 반경 1.3미터의 알루미늄 구형이고, 약 1킬로헤르츠의 공명주파수resonant frequency를 가지고 있었는데 그 진동수에서 민감도는 $10^{-23}\mathrm{Hz}^{-1/2}$였다. 이는 초기 라이고 검출기보다 약 10배 정도 민감한 것이었다. 그러나 이 티가의 실제적인 건설은 이후 라이고 프로젝트로 인하여 진행되지 못했다.

두 번째 구면형 검출기는 앞서 소개한 네덜란드 컨소시엄 그룹의 그레일GRAIL, Gravitational Radiation Antenna In Leiden이었다. 그레일의 디자인은 구리-알루미늄 합금으로 이루어진 총질량 113톤에 1.5미터 반경을 가진 구형 검출기로, 770헤르츠의 공명주파수를 가지는 것으로 설계되었다. 이 검출기의 민감도는 3×10^{-22} 정도였다. 그러나 그레일 프로젝트는 연구비가 지원되지 않아 취소되었다. 그 대신 미니그레일miniGRAIL이라는 이름의 저예산 프로젝트가 진행 중에 있다. 미니그레일은 질량 1.4톤, 직경 68센티미터의 구리-알루미늄 합금 극저온 중력파 안테나로, 2.9킬로헤르츠의 공명주파수를 가지고 있으며 230헤르츠의 검출 주파수 대역에서 약 4×10^{-21}의 민감도를 보여주었다.[4]

이 구면형 검출기는 여전히 좁은 검출 주파수 영역대를 가지고 있는 약점이 있었기에 다른 크기의 여러 구면형 검출기의 배열을 구성하여 마치 '실로폰'과 같은 형태로 건설하는 것을 계획하고 있었다. 그렇게 되면 레이저 간섭계의 10분의 1의 비용으로 거의 같은 민감도와 효과를 볼 수 있는 장점이 있다고 알려져 있었다. 그만큼 이 구면 검출기 배열Sphere Detector Array은 당시로서 유망한 제안이었고 상대적으로 연구비를 지원받기도 용이할 것으로 예측되었다. 그러나 미국과학재단NSF은 1970년대부터 중력파 검출기의 새로운 모델로서 레이저 간섭계의 모델을 관심을 가지고 지켜보고 있었고, 유럽에서도 역시 레이저 간섭계에 대한 연구들이 무르익고 있었다.

오늘날에야 레이저 간섭계가 미국(미국과학재단)이 단독으로 가장 많은 액수를 투자하는 거대 프로젝트의 하나이고 중력파 검출 실험의 주류가 된 과학실험이지만, 불과 이 프로젝트가 시작되기 5년 전에도 여전히 많은 논란이 존재했던 것은 사실이었다. 그러한 간섭계를 이용한 중력파의 검출에 대한 제안과 연구는 이미 1960년대에 시작되었고, 그 시도를 처음 한 것은 두 명의 러시아 과학자인 게르텐슈타인M. Gertsenshtein과 푸스토보이트V. I. Pustovoit였다.[5] 그리고 그와 독립적으로 1964년에 웨버와 그의 학생이었던 포워드Robert L. Forward가 이 아이디어를 고려했었다.[6] 그리고 실제 그런 기기를 제작한 것 역시 포워드였으나 그 기기는 너무 작아 검출기로서 중력파를 발견할 수 있는 그런 것은 아니었다. 포워드는 웨버의 바 검출기 팀의 핵심 구성원이었고, 최초로 구면형 검출기의 가능성을 분석했으며, 간섭계형 검출기를 최초로 제작했다는 점에서 매우 이채로운 인물이었다.*

게르텐슈타인과 푸스토보이트는 마이컬슨의 간섭계Michelson's interferometer**의 구조가 중력파 패턴에 매우 민감하게 작동하는 대칭성을 가지고 있다고 생각했다. 이후 베른슈타인L. L. Bernshtein은 일반적인 빛을 이용한 간섭계는 대략 10^{-11}센티미터의 경로 차이를 측정할 수 있음을 보였다. 그리고 새롭게 개발된 레이저 빛을 이용한다면 아마도 10^{-14} 정도까지 측정할 수 있을 것이라 전망했다. 양쪽 팔의 길이arm length가 10미터에 불과한 간섭계를 가지고 계산한 검출기의 민감도였다. 하지만 그들의 아이디어에는 다소 잘못 제시된 부분이 있었다. 특히 간섭계에서 발생할 것으로 보이는 다른 역학적 잡음원mechanical noise sources에 대해서 간과하고 있는 부분이 있었다.

---

* 로버트 포워드는 이후 과학저술가로서 명성을 떨쳤다. 그리고 그의 아들 역시 〈엑스맨〉, 〈인크레더블 헐크〉, 〈지. 아이. 조〉 등의 애니메이션 시리즈를 제작한 극작가로 활동하고 있다.

** 간섭계는 원래 1880년대에 다른 목적을 가지고 고안되었는데 그중 가장 유명한 것이 마이컬슨A. Michelson과 몰리E. Morley의 것이었다. 그들은 1887년 당시 가설이었던 우주에 가득 차 있는 '에테르aether'라는 물질을 증명하기 위해 지구의 속도를 측정하려고 고안했다.

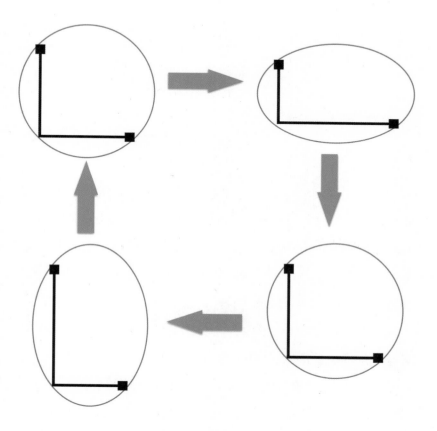

그림10 간섭계의 구조와 그에 따른 중력파의 진동변화에 따른 대칭성.

중력파 검출을 위한 간섭계의 현대적인 설계를 본격적으로 한 사람은 MIT의 라이너 와이스Rainer Weiss였다. 그는 기존에 있었던 다른 연구그룹에 비해 괄목할 만한 검출 기술을 개발하고 발전시켰기에 실제적인 중력파 검출용 간섭계의 설계자로 추앙받고 있다.

첫째로 그는 최초로 중력파의 검출을 현실화하기 위해서 수 킬로미터의 팔을 가진 간섭계가 가져야 할 최적의 조건, 민감도, 이들을 나타내는 각종 잡음원들의 분석을 제대로 수행했던 사람이었다. 게다가 포워드가 가지고 있었던 많은 아이디어들이 실제로는 와이스에게서 영향을 받았던 것이었기에 와이스는 중력파 검출 실험을 현실화할 수 있는 천부적 재능을 가지고 있다고 해도 과언이 아니었다. 그리고 와이스는 중력파 탐색을 위한 간섭계의 구축과 연구에 여전히 헌신하고 있는 인물이고 많은 이들을 이 국제 거대과학으로 끌어들인 장본인이었다.

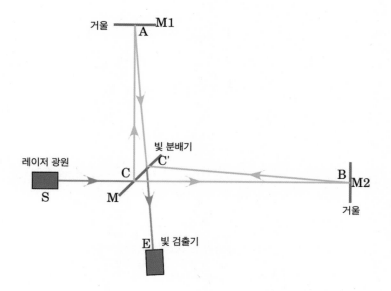

그림11 마이컬슨 간섭계의 개략도. 레이저광원은 빛 분배기를 통해 양방향으로 반반씩 갈라지고 반대편의 거울에 반사되어 다시 합쳐진다. 이때 양방향으로 갔다 오는 경로차가 있다면 두 빛은 간섭효과를 일으키게 되고 이 효과는 빛 검출기에서 간섭무늬패턴으로 나타난다. [Krishnavedala—Wikimedia(CC-BY-SA) 제공]

와이스가 간섭계를 이용한 중력파의 탐색을 생각하기 시작한 것은 1969년경부터였다. 1972년 MIT의 링컨 전자공학 실험실RLE, Research Laboratory of Electronics의 보고서에서 구체적으로 간섭계가 가지는 잡음원들의 분석과 그 성능의 한계를 논의했다. 그는 이 보고서를 통해 중력파를 실제적으로 검출할 수 있는 3억 달러짜리 레이저 간섭계 관측소를 '발명'한 것이었다. 하지만 그는 이 보고서를 어디에도 출간하지 않았다. 따라서 그가 연구 지원을 받거나 초기에 이 프로젝트의 실제적인 공로자라는 혜택을 받는 데 상당한 어려움을 겪어야 했다. 이에 대해 와이스는 다음과 같이 말했다.

> "나는 아이디어에 머무르는 수준의 것은 논문으로 출간하지 않는다. 하지만 그것이 실험까지 종료된 결과물이라면 기꺼이 논문으로 출간한다. …경험적으로 누군가 아이디어가 있다면, 그것과 동일한 아이디어를 이미 가지고 있었다고 말하고 다니는 나쁜 사람들이 종종 있다. 전자의 사람은 땀을 흘려 일하고 그것을 성취해내서 3년 혹은 그 이상 헌신해서 결국 결과물을 출간한다. 그리고 그는, 같은 아이디어를 가지고 있다고 말했지만 아무 일도 하지 않았던 사람에게 경의를 표해야 한다. 이건 정말 말도 안 되는 일이지만 이런 일들은 일어나고 있다. 정말 아이디어가 자기 것이라면 그 일이 실현되도록 만들어야 한다. 따라서 나는 단순한 아이디어 수준의 것을 논문으로 출간하지 않는다."[7]

하지만 와이스는 라이고 간섭계가 성공적으로 중력파를 검출하게 되면 받게 될 가장 큰 영예를 누리게 될 인물이었다. 그는 중력파의 발견을 위한 실험적 장치의 모든 것이 가능하게 만든 사람이었기 때문이다. 사람들은 농담 삼아 와이스가 중력파에 헌신하게 된 이 운명은 어쩌면 일찌감치 예견된 것일 수도 있다고 말했다. 현재 루이지애나 주의 리빙스턴 중력파 관측소로 가는 길 주변의 도로가 공교롭게도 오래전부터 와이스 길Weiss Road이기 때문이었다.

와이스는 1932년 베를린의 유복한 유대인 가정에서 태어났다. 그의 아버지는 내과 의사였고 어머니는 독일계 여배우였다. 독일의 정치적 분위기가 심상치 않자 가족이 모두 체코의 프라하로 이주했고, 1939년 아버지의 의학 학위 가치를 인정받아서 미국으로 이주할 수 있었다. 맨해튼 중부에 정착한 뒤 와이스는 고전역학을 공부하기 시작했다. 모터, 시계, 라디오 등을 닥치는 대로 분해했다 조립하느라 그의 방은 항상 엉망이었고 항상 그로 인해 말썽을 일으켰다. 예술, 인문학, 문학 등에 조예가 깊은 아버지에게 그는 마땅치 않은 존재였고, 오로지 아버지와 취미가 맞는 것은 고전음악뿐이었다. 이 영향을 받아서인지 와이스는 성인이 되어서도 고전음악의 애호가였으며 거의 피아니스트 수준의 연주자였다.

학창 시절 와이스는 지인들의 라디오를 고쳐주느라 여념이 없었고, 이는 곧 사업아이템이 되었다. 전쟁 후 거리에 넘쳐나는 최신 장비들과 기기들이 와이스에게는 얼마 안 되는 수입이나마 보탬이 되었고, 종종 학교를 빠지고 거리에 나가 진공관, 콘덴서와 같은 전자부품을 얻으러 다니는 것이 일과였다. 파라마운트사의 대화재 때 16세였던 그는 10개의 대형 스피커를 회수해와서 직접 수리해서 되팔았다. 이런 식으로 그는 고이윤을 내는 사업수완을 발휘했고, 거의 대학 수업에도 참석하지 않았다. 하지만 지적 욕망도 있어서 라디오에서 발생하는 잡음의 원인을 해결하는 방법을 알고 싶어 했다. MIT에 입학 후 그는 오디오 기사가 되었고, 그 잡음을 제거하는 해법을 찾고자 했다.

하지만 당시 MIT의 엄격한 분위기에 질린 그는 공학과목들에 역시 흥미를 잃었고, 물리학으로 전과했다. 당시 그의 학점은 형편없었다. 노스웨스턴대학 학생이자 음악가 겸 포크 댄서였던 연인과의 사랑으로 일리노이에서 시간을 보내면서 한 학년을 마쳤다. 그리고 그녀에게 실연을 당한 후 MIT로 돌아와서 시험을 통과했지만 학과에서는 무단결석에 대한 벌로 낙제를 주었다. 이제 한국전쟁에 징집될지 모른다는 불안감 속에 그는 머리를 식히기 위해 캠퍼스 주위를 걷기 시작했다. 그때 물리학과 건물 앞 창문에서 소리치며 실험하던 두 사람을 만났는데, 그중 한 명은 최초로 원자시계를 상용화한 제럴드 재커리아스Jerrold R. Zacharias (1905~1986) 교수였다. 와이스는 자신의 전자 공학적 지식을 재커리아스 교수의 실험실을 위해 헌신하기로 결심했고 1957년 그에게 박사학위를 받았다.

와이스가 중력에 매료된 것은 1962년 프린스턴에서 상대론학자였던 로버트 디키Robert H. Dicke의 연구원으로 일할 때였다. 그는 지구의 독특한 공명을 측정하는 비중계gravimeter를 만드는 일을 했으나, 1963년 알래스카 지진 때 그 검출기가 망가져버렸다. 이후 그는 MIT의 조교수로 다시 모교로 돌아왔고, 디키가 제창했던 대안 중력이론alternative theory of gravity인 브란스-디키 이론에서의 중력상수의 변화량을 실험적으로 측정

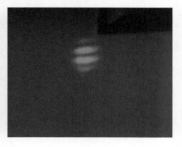

그림12 교육용으로 제작된 미니 간섭계(위)와 간섭무늬패턴의 변화(아래).
[피터 솔슨의 교육용자료, 2009년 텍사스 브론즈빌 중력파여름학교에서 오정근 촬영]

하기로 마음먹었다. 이 프로젝트는 현재 중력파 레이저 간섭계의 핵심 요소인 레이저와 관련된 일을 시작하게 된 중요한 계기였다.

1972년 와이스는 미국과학재단에 제안서를 제출했으나 연구비를 지원받지 못했다. 이 제안서는 주로 1972년의 RLE 보고서에 기초했던 것으로 추정된다. 1974년 그는 9미터짜리 프로토타입 간섭계를 구축하는 것을 내용으로 하는 제안서를 미국과학재단에 제출했다. 이 제안서는 승인되어 그의 요구대로 5만 3,000달러의 연구비 지원을 받았다. 이 제안서 역시 RLE 보고서에 기반을 두고 간섭계의 잡음 분석에 대한 많은 부분을 할애하고 있었다. 이 제안서는 독일 뮌헨의 막스플랑크 연구소 그룹으로 보내져서 검토가 되었는데, 당시 유사한 디자인을 고려하고 있었던 독일 그룹의 심사위원들에게 상당한 충격을 주었다고 한다.

독일 그룹이 독자적으로 시작한 이 유사한 간섭계는 3미터의 경로 길이를 가진 것으로 와이스의 것과 상당히 닮았다. 1972년 RLE 보고서와 1974년의 연구제안서에서는 간섭계 잡음원에 대한 와이스의 상세한 분석이 포함되어 있었다. 그것은 간섭계가 가진 기술적 한계와 요구사항, 그리고 최대 민감도에 대한 것들을 기술하고 있었다. 와이스는 초기에 제작하고자 했던 9미터짜리 레이저 간섭계를 1킬로미터의 간섭계를 제작하는 계획으로 야심 차게 확장했다. 그는 이것을 이용해서 게성운 펄서*에서 오는 회전하는 중성자별이 방출하는 중력파를 검출하고자 했

---

* 게성운 펄서PSR B0531+21는 초신성 1054가 폭발하고 남은 잔해인 게성운에서 1968년 발견되었다. 상대적으로 어린 중성자별이며 초신성 잔해에서 발견된 최초의 펄서이다.

다. 와이스가 분석했었던 레이저 간섭계가 가지고 있는 잡음원은 다음과 같다.[8]

① 진폭 잡음amplitude noise : 레이저 빛의 출력에서 나타나는 진동으로서, 레이저 광자 방출의 통계적 분포 때문에 생기는 '산탄 잡음shot noise '과 관계있다.

② 레이저 위상잡음laser phase noise : 레이저 주파수의 불안정성에 의한 진동과 관련된 잡음이다.

③ 역학적 열잡음mechanical thermal noise : 거울을 구성하고 있는 물질과 거울의 '브라운 운동Brownian motion '*에 의해 생기는 거울의 진동에 의한 것이다.

④ 복사-압력 잡음radiation-pressure noise : 레이저 파워가 변할 때 거울에 충돌하는 복사 압력의 변화에 의한 거울의 운동 때문에 발생한다.

⑤ 진동 잡음seismic noise : 지상을 통해 전달되는 진동에 의한 것으로 적절한 현가장치suspension를 통해 제거할 수 있다.

⑥ 열-구배 잡음thermal-gradient noise : 거울 표면을 가열하는 레이저 빔 때문에 발생하는 잡음이다.

⑦ 우주선 잡음cosmic-ray noise : 안테나에 도달하는 우주선으로 인해 생기는 잡음이다.

---

* 액체 혹은 기체 안에 떠서 움직이는 작은 입자의 불규칙한 운동. 물에 떠 있는 꽃가루의 운동, 냄새의 확산현상 등에서 살펴볼 수 있다.

⑧ 중력구배 잡음gravitational gradient noise : 거울에 영향을 미치는 중력장
의 변화에 의한 것이다. 만일 간섭계 주변의 공기압이 변하면 공기의 밀
도가 변하고, 결국 거울에서의 중력에 의한 인력이 변하게 된다. 혹은 간
섭계 주변에 어떤 질량을 가진 물질의 변화가 밀도의 변화를 일으켜 중
력장의 변화를 야기하기도 한다.

⑨ 전기장과 자기장 잡음electric field and magnetic field noise : 전기장과 자기
장에 차폐가 되어 있음에도 전기장치 혹은 이로부터 발생하는 자기장
변화로 생기는 잡음이다.

한편 이 시기 글래스고대학의 로널드 드레버는 간섭계의 기술적인
면에 관심을 돌리고 있었다. 그가 간섭계를 이용하는 첫 목적은 2개의
무거운 바 사이의 간격을 측정하기 위한 것이었다. 하지만 연구비가 부
족하여 레딩대학교의 장비들을 빌려 썼고, 1976년까지 자신의 간섭계
를 만들지 못하고 있었다. 드레버의 중력에 대한 관심은 1959년 글래스
고대학에서 핵물리학으로 박사학위를 받은 지 몇 년 되지 않아서 시작되
었다. 그는 마흐의 원리Mach's principle*를 검증하는 실험에 푹 빠져 있었다.
1960년대에 드레버는 핵물리와 다른 응용을 위한 검출기들을 제작했다.
또한 우주선 물리학cosmic-ray physics에도 잠시 관심을 가졌었다. 이러한 일
련의 실험들을 위해 남부 영국을 방문하던 동안에 그는 옥스퍼드대학에

---

* 에른스트 마흐Ernst Mach(1838~1916)에 의해 제창된 원리이다. 마흐는 "가속에 저항하는 물
체의 성질인 관성력은 한 물질이 우주의 다른 물질들과 상호작용할 때 일어난다"라고 주장했다.

잠시 들러 웨버가 중력파를 발견했다는 발표를 들었다. 그는 만약 웨버가 옳다면 자신이 웨버보다 더 잘할 수 있을 것이라 생각했고, 그것이 드레버가 막 태동하는 연구 분야로 옮겨가게 된 이유였다.

결국 그는 2개의 바 검출기를 제작했지만, 거기에서 얻어진 결과로 어떠한 중력파도 발견하진 못했다. 극저온 기술에 대한 경험이 없었던 드레버는 스탠퍼드나 루이지애나 그룹과 극저온 바를 가지고 경쟁할 수가 없다고 생각했기에 다른 길을 찾았다. 이후 드레버는 포워드가 글래스고를 방문했을 때 포워드가 캘리포니아 말리부의 지하실험실에 구축한 최신 간섭계에 대해서 토론했고, 그 이후로 간섭계가 차세대 중력파 검출기의 주류가 될 것으로 예상했다. 스코틀랜드에서는 드레버의 새로운 프로젝트에 연구지원을 받는 것이 용이하지 않았으나 그 대신 지역 회사들을 포섭하여 싼 가격에 실험 장비를 조달할 수 있었다. 그가 오래전에 제작했던 바 검출기 시설과 다른 부품들을 재활용해서 1976년 첫 간섭계 시설을 제작할 수 있었다. 유일하게 비용이 들어간 부품은 레이저였다.

드레버는 레이저 간섭계가 처음에 생각했었던 것보다 훨씬 더 어렵다는 것을 알았다. 처음으로 떠오른 문제는 '빛 산란'이었다. 빛이 간섭계 거울 사이에서 왕복함에 따라 거울의 다른 부분을 때림으로써 상당량의 빛이 손실되었다. 거울에서의 불완전한 산란 때문이었는데, 드레버는 해결책으로 마이컬슨 간섭계에서 파브리-페로 간섭계Fabry-Perot Interferometer로 교체했다. 파브리-페로 공동Fabry-Perot Cavity은 빛을 수많은 왕복 경로를 가지도록 만들고, 각 거울의 아주 작은 영역에서 반사가 일어나도록 제한해줌으로써 빛의 효율을 극대화해주었다. 이렇게 함으로써 비용 역시 절약할 수 있었는데, 작은 거울과 함께 진공 파이프도 작게 만들 수 있었기 때문이었다.

이것은 레이저 간섭계의 구축에 있어서 결정적인 한 방이었다. 당시로서는 레이저 간섭계에 들어갈 수준의 커다란 거울을 잘 가공할 수 있는 기술이 아직 없던 때였다. 더구나 파브리-페로 간섭계를 만드는 데 기술적 어려움이 있었는데 그것은 아주 안정적인 레이저를 사용해야 한다는 것이었다. 드레버는 레이저의 파장을 순수하고 안정적으로 만드는 기법 역시 발명했다. 후에 그는 이 아이디어가 마이크로파 공동에서 로버트 파운드가 사용했었던 것과 매우 유사하다는 것을 발견했다. 드레버는 레이저의 주파수가 고정되면 피드백 메커니즘에 의해 레이저가 안정화된다는 것을 알았다. 그는 안정적인 레이저를 만들기 위해서 콜로라도에 있는 실험천체물리학 공동연구소Joint Institute for Laboratory Astrophysics의 레이저 전문가였던 존 홀John Hall을 방문하기도 했다. 이 레이저를 안정화하는 기법은 현재 '파운드-드레버-홀 기법Pound-Drever-Hall technique'으로 알려져 있다.

캘리포니아 공과대학교의 킵 손은 이론적인 편에서 연구에 매진하고 있었다. 그는 이론가이면서도 웨버의 중력파 검출 실험에 지대한 관심과 격려를 아끼지 않았고, 그 최신 기술들에 관심을 가지고 있었다. 그는 러시아 물리학자인 브래진스키를 알게 되어 가깝게 지냈는데, 브래진스키는 킵 손의 생각과 아이디어에 지대한 영향을 미쳤던 사람이었다. 실제로 킵 손은 그의 유명한 일반상대성이론의 교과서인 『중력Gravitation』

에서 간섭계가 중력파 검출에 적합하지 않다고 표현했다.[9] 그러나 킵 손은 1976년 이탈리아에서 열린 학회에서 바 검출기와 간섭계의 미래에 대해 드레버와 진지한 토론을 했고, 드레버가 간섭계 형태로 전환해서 온 힘을 쏟고 있다는 사실을 들었다. 그리고 1980년대경에 킵 손은 마음을 바꾸어 간섭계의 열렬한 지지자가 되었다. 와이스는 킵 손이 마음을 바꾸게 된 계기가 1970년대 후반에 자신과 토론한 결과 때문일 것이라고 생각했다.

어찌 되었든 이 시기에 킵 손은 캘리포니아 공과대학교에서 중력파 검출 실험을 할 수 있는 팀을 꾸리기로 마음을 먹었고 그 팀을 이끌어줄 책임자로 드레버를 염두에 두고 있었다. 1979년에 드레버는 캘리포니아 공과대학교에서 길이 40미터짜리 간섭계를, 글래스고대학교에서 동시에 길이 10미터짜리 간섭계를 만들고 있었고, 1983년에 캘리포니아 공과대학교의 종신교수직으로 옮기게 되었다.

1978년 와이스의 프로토타입 제작 연구는 1980년까지 연장되었고 와이스는 10킬로미터의 팔 길이를 가지는 검출기를 제작하겠다고 할 정도로 야심만만해졌다. 그는 처음으로 캘리포니아 공과대학교 그룹과의 공동연구를 언급했고, 역시 드레버와 독일 그룹의 연구들을 소개하기 시작했다. 그러나 이 와이스의 제안서를 검토한 심사위원들은 모두 한결같이 지상 기반의 중력파 검출기는 지구의 여러 가지 잡음 환경에서 완전히 격리시키는 것이 불가능할 것이라 생각했다. 그래서 이런 종류의 프로젝트는 우주 기반의 프로젝트로 진행되든지 아니면 지구상의 잡음 환경과 격리하는 장비들을 특화하는 연구를 통해서 우선적으로 그런 문제를 해결해야 한다고 믿었다.

1983년 MIT 그룹은 미국과학재단에 「블루북Blue Book」[10]이라 불리는 대형 레이저 간섭계에 대한 보고서를 제출했다. 이 보고서는 출간 시 겉표지가 파란색으로 되어 있어 이름 붙여진 것으로, 대형 레이저 간섭계를 위한 기술적인 성취와 예산, 건설이 가능한 부지 후보, 과학적 목표 등을 기술하고 있어서 사실상 라이고 프로젝트의 전초적 역할을 한 중요한 보고서라고 할 수 있다. 이 보고서는 캘리포니아 공과대학교와 MIT가 공동 작업으로 추진하는 것을 골자로 하여 채택되었다. 현재까지 어떤 프로젝트도 이렇게 두 대학이 공동으로 추진토록 한 예는 없었다. 이런 대형 간섭계를 통한 중력파 검출 프로젝트는 한 사람의 힘으로 진행하기에 무리가 있었고, 많은 전문가의 역량을 함께 모아야 할 필요성이 있기에 제기되었다. 이러한 이유로 오늘날 캘리포니아 공과대학교와 MIT에는 라이고 실험실을 각각 별도로 두고 있다. 와이스와 드레버, 킵손이 이 라이고 프로젝트의 총 책임자가 되었다. 중력파 검출을 위한 새로운 시도가 트로이카 체제로 시작되는 순간이었다.

Chapter 03 | 비판을 넘어서

드레버는 검출기의 구축에서 좀 더 세밀한 조율과 검증을 거쳐서 나중에 그 크기를 키우고자 했다. 와이스는 이미 준비가 되었으니 더 큰 검출기를 만들어야 한다고 주장했고, 킵 손은 그 중간 입장이었다. 이들의 의견 차이는 심각해서 번번이 중요한 결정을 내리는 데 문제를 야기했다. 결국 미국과학재단은 라이고 건설의 전체 프로젝트를 총괄할 권한을 가진 단일 책임자 체제를 요구했다. 캘리포니아 공과대학과 MIT는 로커스 보트Rochus Vogt라는 인물을 물색하여 영입했다. 그는 1950년대 시카고대학에서 우주선 물리학cosmic ray physics을 전공했고, 수년간 캘리포니아 공과대학교의 수학·물리·천문학과를 이끌었던 화려한 경력의 소유자였다. 그는 1987년부터 1994년의 라이고 프로젝트 초기에 프로젝트를 운영했고 안정화 궤도에 올려놓았다.

레이저 간섭계를 통해 중력파를 발견하고자 하는 과학자들이 내부적으로 이 프로젝트를 견고하게 진행해가고 있을 때에도 여전히 이 프로젝트는 외부적으로 많은 이들의 공격의 대상이었다. 특히 조지프 웨버가 그중 한 사람이었다. 그는 간섭계를 연구하는 과학자들을 '간섭계꾼들 interferometeers'이라 부르며 간섭계 프로젝트를 방해하려고 노력했다. 그는 자신의 바 검출기에 대한 새로운 이론이 훨씬 유망하다고 주장하면서 미국 정부가 훨씬 적은 비용으로 과학적 성취를 달성할 수 있는 자신의 바 검출기 대신 수억 달러를 간섭계에 투자하는 것을 비판했다.

그러나 웨버 그룹이 연구지원을 지속해서 받지 못했던 주된 이유는 간섭계로 연구비가 집중되었기 때문이 아니었다. 그 이유는 미국과학재단이 웨버에게 요구했었던 극저온 기술에 대한 연구가 기대에 미치지 못했기 때문이었다. 만약 웨버의 그룹이 극저온 바에 대한 기술을 발전시키고 새로운 검출기의 발전을 위한 기술들을 끊임없이 적용시켜왔다면 연구지원 중단은 없었을 것이었다. 미국과학재단은 항상 새로운 시도와 아이디어를 지원하고 있었고, 만약 간섭계 관련된 연구가 훨씬 비용이 적게 드는 방식이 있었다면 언제나 전폭적으로 지원했을 것이었다. 그러나 이미 1987년 초신성의 발견 당시 웨버가 주장했던 사건으로 이미 학계의 신뢰를 잃었고 미국과학재단 역시 같은 입장이었다. 그렇기 때문에 웨버가 주장한 방식의 그런 비판은 이미 미국과학재단의 입장에서는 희미해져가는 메아리일 수밖에 없었다.

1990년 '천문학과 천체물리학의 10년 백서Astronomy and Astrophysical

Decadal Survey'* 위원회에서 킵 손은 지상 기반의 중력파 간섭계에 대한 보고를 해달라는 초청을 받았다. 그러나 킵 손은 이것이 적절치 않다고 하여 거절했다. 라이고는 천문학자들의 영역이 아니라 현재 미국과학재단의 물리학 분과에서 진행되고 있고 다수의 물리학자들이 참여하고 있는 프로젝트라는 것, 현재 라이고를 건설하는 단계에서는 여전히 물리학 조사위원회의 관할 영역에 있다는 것이 그 이유였다. 그러나 천문학자들은 이미 라이고가 자신들의 프로젝트들과 경쟁관계에 있다고 믿었다. 라이고가 '연구시설facility'이 아닌 '천문대observatory'라고 불리고 있었다는 점, 향후에 중력파의 발견 이후 물리학과 공학 관련 프로젝트에서 분명 천문학의 프로젝트로 전이하게 될 가능성이 크다고 보았기 때문이다. 그래서 천문학자들은 레이저 간섭계 프로젝트가 향후 천문학 분야에 지원에 있어서 심각한 위협을 준다고 믿었다.

1991년《뉴욕 타임스》에 천문학자 제리 오스트라이커Jerry Ostriker가 라이고 프로젝트를 반대하는 글을 기고했다.

"공개적으로 언급하기를 꺼리지만 여러 저명한 천문학자들이 라이고 프로젝트에 강하게 반대하고 있다. (중략) 나는 훨씬 더 적은 비용이 들고, 중력파 검출에 더 신뢰를 줄 수 있을 최신의 연구결과에 대한 답변을 기다리고 있다. 그것은 데메트리우스 크리스토돌로Demetrious

* 천문학과 천체물리 분야 향후 10년의 유망한 연구 분야와 기술을 총망라 조사하여 10년 단위로 출간하는 보고서이다.

Christodoulou의 논문[11]에서 힌트를 얻어 진행된 일이었다."

크리스토돌로의 논문은 중력파에 의한 시공간의 왜곡이 생길 때 그 흔적은 영원히 남는 것이고 이 흔적을 찾는 것이 진동을 찾는 것보다 훨씬 쉽다고 주장한 것이었다. 그러나 킵 손은 이 메모리 효과를 분석하면서 실제 가동을 앞두고 있는 라이고 검출기에서 관측하기에는 강력한 효과가 되지 못한다고 결론을 내렸다.[12] 이미 라이고 프로젝트의 대세를 거스르기에는 어떠한 반론도 역부족이었다.

존 바콜John Bahcall (1934~2005)은 1999년 11월 라이고의 공식 개소식 때 반대의 목소리를 냈다. 그는 중성미자 실험에 정통한 천체물리학자였고, 당시 라이고 책임자였던 배리 배리시Barry Barish와 같은 분야의 연구자였다. 그리고 1990년 '천문학과 천체물리학의 10년 백서'의 책임자였고 당시 킵 손을 위촉했을 때 킵 손의 거절로 상당히 화를 냈었던 인물이었다. 중성미자 실험에 비해 라이고는 100배나 많은 돈을 쏟아부었고, 300명의 전문가가 창시한 중성미자 실험에 비해 라이고는 오로지 3명이 그것을 이끌었으며, 중성미자 실험은 여전히 '실험'이라 부르는데 라이고는 관측도 전에 '천문대'라 이름 붙였다며 비아냥거리기까지 했다. 더욱이 중성미자는 천문학자들도 관심을 가지는 영역인데 왜 라이고는 그들이 관심조차 없는가를 제기하면서 중성미자 물리학보다 라이고는 훨씬 더 성공하기 힘든 프로젝트가 될 것이라 비판했다.

라이고의 프로젝트 제안서의 마지막 심사는 1990년에 있었다. 외부 심사위원들은 이 프로젝트에 긍정적 신호를 보냈다. 총 건설비용인 2억

1,100만 달러 중에서 초기지원금인 4,700만 달러가 의회의 승인을 받았다. 이처럼 단일 프로젝트로 거대한 금액을 승인받는 일은 미국과학재단으로서는 처음 겪는 일이었다. 입자가속기 같은 거대프로젝트의 정기적인 지원을 했던 미국에너지부DOE, Department of Energy의 경우와 달리 미국과학재단은 이처럼 큰 규모의 연방예산을 승인받는 일을 해본 일이 없었다. 당장 천문학계에서 반대의견이 쏟아졌다. 이 라이고의 총 건설비는 미국과학재단의 천문학 예산의 2배가량 되는 금액이었기에 천문학자들은 미국과학재단이 이미 검증된 기술이 아닌 도박에 돈을 쏟아붓는다고 분노했다. 응집물질 물리학 분야에서의 노벨상 수상자였던 필립 앤더슨 Phillip Warren Anderson(1923~)은 만약 아인슈타인의 이름을 팔지 않았다면 신경이나 썼겠느냐며 강하게 비판했다.

그럼에도 라이고는 그동안 바 검출기가 보여주지 못한 성취에 대한 갈증 속에 큰 야심을 키워줄 만한 무엇인가가 있었다. 미국의 입장에서 선취권과 주도권을 가졌던 웨버의 초기 업적에 대해 1970년대와 1987년의 초신성 검출로 인한 여러 스캔들과 실패가 쓰라렸고, 다시 이 자연과학에서의 주도권을 미국이 가지게 될 기회를 엿보고 있었다. 이미 와이스와 드레버, 킵 손에 의해 검증된 대형 레이저 간섭계의 프로토타입 제작을 통한 선행연구가 무르익었다. 그리하여 여러 가지 비판의 목소리 속에서도 결국 라이고는 중력파 검출이라는 대형 거대실험 프로젝트로서 역사적 첫발을 떼게 되었다.

Chapter 04 | 건설, 과학을 위한 **비과학**

이론적으로 우리 은하에서 발생하는 초신성의 폭발을 관측할 기회는 30년에서 100년에 한 번꼴로 일어난다. 그리고 우리 은하에서 2개의 중성자별이 충돌하는 일은 10만 년에 한 번꼴로 일어날 확률이다. 라이고는 우리 은하 영역에서 언제 일어날지도 모르는 우연적인 천문현상에 기대하기보다는 우리 은하의 관측범위를 훨씬 벗어나는 영역에서 훨씬 풍부한 중력파원을 관측함으로써 그 검출 확률을 높이는 것을 목표로 추진되었다. 그러나 라이고 중력파 검출기를 건설하는 일은 이러한 천체 관측과 관련한 과학과는 전혀 별개인 비과학적non-scientific*인 사업들로만 구성되어 있다. 즉, 과학적 목표를 달성하기 위한 부지의 선정, 토목공사,

---

* 여기에서 '비과학적'은 '과학적이지 않다'라는 뜻이 아닌, 본래의 과학적 목적과는 동떨어진 일이라는 뜻으로 쓰였다.

그림13 미국 워싱턴 주 핸퍼드에 건설된 라이고 핸퍼드 천문대LHO, LIGO Hanford Observatory(위)와
미국 루이지애나 주 리빙스턴에 건설된 라이고 리빙스턴 천문대LLO, LIGO Livingston Observatory(아래).
[LIGO Laboratory 제공]

공학적 부품들의 구현 설치, 조립, 테스트 등은 실제 관측을 위한 가동 이전에 필수적으로 수행해야 할 길고 지루하지만 매우 중요한 과정에 속한다.

라이고의 건설 후보지 중 하나는 워싱턴 주의 핸퍼드이다. 이곳은 1940년대 나가사키에 투하했던 원폭 제조를 위한 플루토늄plutonium을 생산하던 시설이 있었던 곳으로, 이후 미국 정부에 의해 관리되던 핵폐기물 저장시설이 있는 사막 지대이다. 또 다른 후보지는 루이지애나 주의 리빙스턴Livingston이다. 이곳은 루이지애나 주도인 바톤 루지Barton Rouge에서 약 1시간가량 떨어진 수풀이 우거진 평원지역이다. 두 간섭계는 북서쪽 끝에서 남동쪽 끝까지 약 3,500킬로미터 떨어져 있다. 이 거리 차는 중력파가 쓸고 지날 때 약 100분의 1초의 시간지연 효과를 만들어내고, 이것은 데이터 분석에 중요한 정보로 작용한다. 이 두 후보지는 미국의 여러 주에서 상대적으로 경제가 어렵고 낙후된 지역을 균형 발전시키고 경기부양을 견인한다는 철학에 의해 선정된 것이었다.

워싱턴과 루이지애나 주의 두 간섭계는 구조적으로 매우 비슷하다. 그러나 핸퍼드의 검출기는 2개의 간섭계를 설치했다. 각각 2개의 간섭계가 설치된 것이 아닌, 4킬로미터 길이의 팔에 동시에 2킬로미터 팔을 함께 설치하여 2대의 간섭계가 가동되도록 한 것이 루이지애나의 4킬로미터 간섭계와 다른 점이었다. 이렇게 2대를 설치한 것은 두 장소에서 세 번의 검출기회를 가지는 장점이 있고, 다른 1대가 수리 중일 때에도 여전히 가동을 할 수 있는 장점을 가진다. 또한 데이터 분석의 입장에서, 동일한 기기에서 나오는 잡음을 제거하는 효과를 가지기 때문에 좋은 질의 데이터 레벨을 제공해준다.

라이고의 최종 공사비용은 2억 9,200만 달러였고, 추가로 8,000만 달러의 가동과 업그레이드 비용이 들었다.* 이는 미국과학재단이 단독으로 투자한 가장 비용이 많이 드는 프로젝트였다.** 그리고 캘리포니아 공과대학교와 MIT, 두 곳의 검출기에서 일하는 과학자들은 라이고 과학협력단을 조직했다. 미국에서 시작된 중력파 검출 프로젝트가 국제 거대과학 프로젝트로 조직화되는 순간이었다. 이 라이고 과학협력단은 라이고 검출기를 이용하여 중력파 검출에 관심이 있는 물리학자, 천문학자, 공학자, 응용물리학자, 컴퓨터과학자 등으로 이루어진 개방형 연구조직으로서 현재 약 1,300여 명의 회원이 가입되어 있다. 이 조직은 버고 협력단Virgo Collaboration 및 다른 과학협력단들과 연구협력을 맺으면서 성장해왔으며, 순수하게 라이고 과학협력단의 회원은 940여 명, 약 60여 개의 대학 및 연구소 등의 연구기관이 참여하고 있다. 이 외에 유럽의 중력파 연구단인 버고 협력단과 지오 600GEO 600 연구단, 일본의 카그라 협력단 KAGRA Collaboration과 긴밀한 협력관계를 위한 양해각서MOU를 체결했고, 전 세계의 수많은 광학천문대와 위성, 검출기 협력단과 공조체제를 구축하고 있다. 이에 대해서는 뒤에서 자세히 다루고자 한다.

라이고 프로젝트의 승인이 이루어진 1990년 이후 그리고 건설의 첫

---

* 현재까지 어드밴스드 라이고를 포함한 총 투자비용은 약 6억 2,000만 달러이다.

** 미국에너지부에서 거의 투자하기로 했다가 취소된 초전도 초대형 충돌기SSC, Superconducting super collider는 거의 80억 달러가 소요되는 것으로 추정되었었다.

삽을 뜬 2002년 이후, 실제 과학적으로 의미 있는 관측이 시작된 다섯 번째 과학가동Science Run이 있었던 2005년까지 약 15년여는 과학적으로 의미 있는 시기라기보다는 그 의미를 찾기 위한 비과학적 사건들과 업무들에 집중된 시기였다. 그러나 그 초기의 시기는 검출기의 건설뿐만 아니라 대형 프로젝트를 조직하고 그 협력체계가 공고히 돌아갈 수 있도록 경험을 쌓고 시행착오를 겪는 매우 중요한 시기였다. 바로 가까운 미래에 일어날 아인슈타인의 마지막 선물을 기대한 부푼 꿈을 가진 어린이의 마음을 가지고 준비하던 시기였다.

제4장

끝나지 않은
도전,
라이고

Chapter 01 | 레이저 간섭계라면 **가능할까?**

이 장에서는 어떻게 대형 레이저 간섭계가 중력파를 찾기 위한 유망한 기술로 자리매김했는지 그 원리와 물리적 의미에 대해 이야기하고자 한다. 이전 극저온 바 검출기가 도달했던 검출기 민감도는 공명주파수 대역에서 대략 10^{-18} 정도였다. 이 민감도는 사실상 해당 주파수 영역의 중력파원을 찾기 쉽지 않았다. 더구나 그 검출기는 좁은 검출 주파수 대역으로 인해 검출의 확률은 매우 낮았다.

중력파의 신호는 물체의 원래 길이가 중력파에 의해 얼마나 변화되었는가를 나타내는 변형률로 측정된다. 즉, 그 값은 $h \sim \delta L / L$ 로 주어진다. 레이저 간섭계의 길이가 약 수 킬로미터이고 간섭무늬의 패턴에서 레이저 빛의 파장 정도인 10^{-6}미터의 변화가 측정 가능한 크기가 된다. 따라서 그 변형률의 크기는 $10^{-6}/10^3 = 10^{-9}$ 정도이다. 하지만 이 정도는 중력파를 측정하는 데 충분하지 않다. 라이고와 같은 대형 레이저 간섭계의 핵심기술 중 하나는 파브리-페로 공동을 이용한다. 그 핵심은 파브리-페로를 이용하여 빛이 다중 경로multipath를 이동하도록 하여 간섭계의 유효 팔 길이가 늘어나는 효과를 주는 것이다. 이런 식으로 유효길이는 통상 중력파의 파장 정도의 길이로 늘어나게 되어 대략 300 헤르츠의 중력파 주파수대에서 약 1,000킬로미터의 유효거리를 갖게 된다. 즉, $10^{-6}/10^6=10^{-12}$의 민감도에 도달하게 된다. 이는 아직 충분한 민감도는 아니다. 여기에 추가로 광학에서의 발전된 기술을 이용하는 것인데, 민감한 광다이오드photodiode를 사용하면 미세하게 움직이는 변화를 민감하게 관찰할 수 있다.

따라서 이로써 관찰할 수 있는 길이 변화의 민감도는 광다이오드로 검출할 수 있는 광자의 개수에 반비례한다. 이를 고려하면 도달할 수 있는 민감도는 10^{-20} 정도가 된다. 이제 거의 중력파를 검출할 수 있게 되었다. 여기에 고출력의 레이저를 사용하고, 레이저 파워를 재생산하는 기술power recycling 등을 이용하고 이 외의 여러 가지 향상된 기술들을 사용함으로써 검출기의 민감도는 대략 10^{-21}~10^{-22}에 도달하게 된다. 이는 극저온 바 검출기보다 약 1,000배 이상 민감한 것이고 이 민감도에서 검출 가능한 주파수 대역은 대략 10헤르츠에서 1,000헤르츠 사이로, 바 검출기보다 넓은 영역의 주파수의 중력파를 검출할 수 있다.

라이고 중력파 검출기의 주요 부품들은 거울mirror, 현가 진동 감소장치suspension and seismic isolation system, 진공장치vacuum system, 레이저, 간섭계 등으로 이루어져 있다. 〈그림14〉에서 보듯이 라이고 검출기의 거울은 기본적으로 총 6개로 이루어져 있다. 그것은 파워 리사이클 거울power recycling

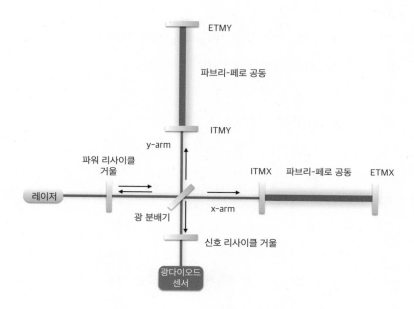

ETMY

파브리-페로 공동

ITMY

y-arm

파워 리사이클
거울

ITMX   파브리-페로 공동   ETMX

레이저

광 분배기   x-arm

신호 리사이클 거울

광다이오드
센서

그림14 라이고 검출기의 개략도. 초기 라이고는 마이컬슨 형태의 간섭계에 파브리-페로 공동을 설치하고 파워 리사이클 거울을 설치했다. 이후 어드밴스드 라이고에서는 신호 리사이클 거울이 추가되었다.

mirror, 파브리-페로 공동의 입력 테스트질량 거울input test mass mirror과 출력 테스트질량 거울output test mass mirror 2개씩, 그리고 광 분배기beam splitter의 거울이다. 이후 어드밴스드 라이고에서는 신호 리사이클 거울signal recycling mirror이 추가되었다.

이 거울들, 특히 레이저 빛을 최종적으로 반사시키는 출력 테스트질량 거울은 거의 4킬로미터 밖에 위치하기 때문에 그 설계와 시공이 매우 정밀해야 한다. 거울로 입사되어 반사되는 빛의 각도가 항상 일정하도록 해야 하기 때문에 그 표면이 매우 매끄러워야 한다. 특히 레이저 빛이 집중되는 중심부 2인치 정도에서는 거의 300억 분의 1인치 정도의 오차를 유지하고 매끄럽게 가공되어야 한다. 만약 거울의 크기가 지구만 하다면 거울 정밀 오차는 평균적인 산의 높이가 1인치 이내에서 튀어나오지 않아야 하는 수준의 정밀도이다.

거울의 재질도 잡음을 감소시키기 위한 최적의 재질이 선택된다. 특히 레이저 빛이 때리는 열에 의해서 거울 재질의 원자들의 브라운 운동으로 인해 생기는 열잡음은 간섭계의 성능에 영향을 미친다. 따라서 그 재질로는 용융-실리카fused silica*가 사용된다. 이 거울은 약 25센티미터 직경에 10센티미터 두께를 가진 크기로 가공되었고 각각 4.5킬로그램의 무게로 표면에 반사코팅을 입혀 제조된다. 따라서 거울을 때려서 반사되는 수백만 개의 광자들이 거의 손실 없이 고스란히 되돌아오도록 만든

---

* 천연결정질 실리카를 대략 섭씨 1,800도에서 용융한 후 상온에서 냉각시켜 만드는 비정질 구조의 물질로 열팽창 계수가 낮다.

다. 각 거울의 제조에 드는 비용은 10만 달러이며 이러한 거울이 24개가 만들어졌다. 4개가 간섭계의 테스트질량 거울로 사용되고 나머지는 여유분으로 보관되었다.

이 거울들은 그네와 같이 줄에 매달려 설치된다. 이렇게 매달린 것은 중력 외에 어떠한 다른 힘도 받지 않는다. 100분의 1센티미터 정도의 가느다란 철사 줄에 매달려 떠 있는 이 테스트질량 거울은 중력파의 영향을 받을 때 초당 100번에서 3,000번 정도 진동한다. 하지만 이 테스트질량 거울 역시 어떤 지질학적 운동(지진, 차량의 진동)에 의해서도 대략 박테리아 크기 정도로 진동하며 그 횟수는 대략 초당 수 회 정도이고, 이러한 느린 진동은 필터를 통해 걸러내는 것이 가능하다. 즉, 이런 진동들은 매우 느려서 대체로 원래 데이터에서 제거해낼 수 있다.

그럼에도 라이고 검출기는 수많은 지표면의 진동으로부터 검출기 장비를 고립시키기 위한 장비를 설치했다. 그러한 진동은 우리 생활 주변에서 일어나는 것들인데, 예를 들면 복도를 걸어 다닐 때 발생하는 진동, 트럭이 지나갈 때 내는 땅의 진동 같은 것들이다. 심지어 수백 킬로미터나 떨어진 뉴올리언스 근처 해변을 때리는 주기적인 파도의 진동까지도 라이고 검출기는 감지해낸다. 이러한 진동 감소장치seismic isolation system는 탄성스프링으로 구성된 수 겹의 원판을 이어 붙여 만들어진다. 마치 차량 하부에 설치된 탄성스프링이나 자전거 안장의 스프링이 주행 시 충격을 감소시켜 승차감을 좋게 해주는 것과 같은 이치이다. 이러한 스프링장치는 어드밴스드 라이고에서는 수 겹의 진자를 이어 붙인 진동 감소장치로 업그레이드되었다.

라이고 시설의 상당 부분은 진공 빔 튜브vacuum beam tube, 파이프의 배관 시설 같은 기반 시설들로 구성되어 있다. 이들은 첨단 기술은 아니지만 라이고의 기기들이 제대로 동작하도록 하는 중요한 부분들이다. 이를 위해 임시 공장들이 검출기 근처에 지어지기도 하는데, 예를 들어 루이지애나 검출기는 빔 튜브의 제작을 위해 검출기 부지에서 약 30킬로미터 떨어진 쇼핑센터 옆에 있는 넓은 창고에서 제작되기도 했다. 4킬로미터가 되는 팔의 진공 빔 튜브는 약 20미터 단위의 400개의 조각으로 나뉘어 제작되어 조립되었다. 그리고 각 팔의 끝점은 중앙의 시작점보다 지상에서 약간 높여서 설치가 되었는데 이는 지구의 곡률을 보정하기 위한 것이었다. 또한 빔 튜브 안에 공기가 차 있다면 레이저 빛이 지나가는 데 가장 큰 방해요소로 작용하기 때문에 빔 튜브 안은 대기압의 1조 분의 1배 정도의 진공을 유지시켜야 한다. 이것이 빛이 진행할 때 공기 분자에 산란을 일으키고 잡음을 야기하는 것을 방지해준다. 라이고 검출기의 진공 빔 튜브는 지구에서 가장 큰 인공적인 진공상태를 유지하는 시설 중 하나이다.

로널드 드레버는 중력파 레이저 간섭계에 사용되어야 할 레이저가 매우 안정적인 상태를 요구한다고 그의 초기 연구에서 밝혔다. 왜냐하면 주파수나 강도변화와 같은 레이저의 어떠한 상태 변화조차도 중력파의 효과로 오인될 수 있기 때문이다. 원래 라이고에 사용되는 레이저는 초록빛을 내는 아르곤 이온 레이저argon ion laser였다. 그러나 현재는 매우 안

그림15 라이고 리빙스턴 관측소의 중력파 검출기의 Y방향 팔을 외부에서 본 전경(위)과 내부의 광 분배기에서 갈라지는 X방향과 Y방향 팔 진공 빔 튜브(아래). [오정근 촬영]

정적인 고체 상태 적외선 레이저인 네오디뮴 야그neodymium YAG*라 불리는 작지만 강력한 레이저를 사용한다. 제2대 라이고 소장이었던 배리 배리시는 "아르곤 레이저를 계속 사용한다는 것은 트랜지스터 개발 이후에도 진공관 라디오를 사용하는 것과 다름없다"라고 말해 최신의 발전된 레이저 기술을 적용하는 중요성을 강조했다.

초기 라이고Initial LIGO에서는 약 10와트의 입력 레이저를 사용했고, 이는 파브리-페로 공동에서 10킬로와트까지 증폭이 되었다. 그러나 어드밴스드 라이고에서는 약 180와트의 입력 레이저가 사용되었고 대략 700킬로와트 이상까지 증폭되도록 업그레이드되었다. 이렇게 강한 레이저 파워를 필요로 하는 이유는 레이저 빛이 발생시키는 산탄 잡음shot noise를 줄이기 위해서이다. 마치 하수구에 물이 내려갈 때 유량이 적으면 빠져 내려갈 때 소음이 크게 나지만, 유량이 많아지면 그 소음이 줄어드는 것에 비유할 수 있다. 강한 레이저를 사용하게 되면 단위 시간당 입사하는 광자의 수가 증가하기 때문이다.

라이고 간섭계에서 가장 중요한 장치는 간섭계 그 자체일 것이다. 마이컬슨의 간섭계 대신 여러 장점에 의해 파브리-페로 간섭계를 사용한다고 이미 앞에서 언급했다. 이 파브리-페로 장치는 레이저를 수십 차례 왕복하도록 하여 실제 간섭계의 팔 길이보다 긴 유효거리를 가지도록 하는 효과가 있다. 실제 초기 라이고에서는 약 25회의 반복경로로 유효거리 100킬로미터, 어드밴스드 라이고에서는 약 280회의 반복경로로 유

---

* YAGYttrium-Aluminium-Garnet 결정을 사용하며 Nd:YAG 레이저라 불린다.

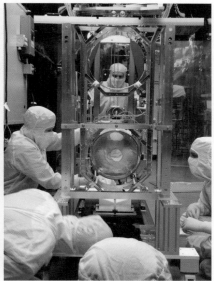

그림16 라이고 리빙스턴 관측소의 진공 챔버 시스템(왼쪽)과 테스트질량 거울과 현가장치(오른쪽).
[LIGO Laboratory 제공]

효거리 약 1,120킬로미터가 되도록 한다. 더구나 이 파브리-페로 공동은 레이저가 반복함에 따라 증폭되도록 하여 앞에서 언급한 것처럼 수백 킬로와트까지 레이저의 파워를 높여준다.

가장 중요한 것은 간섭계의 자동화 시스템인데, 서보 제어 시스템 servo control system에 의해 간섭계의 상태가 자동으로 유지되도록 피드백을 주어 제어를 한다. 이를 위해 테스트질량 거울에 4개의 작은 자석이 붙어 있어 여기에 전류를 흘려 작은 거울의 미묘한 균형을 맞추도록 한다. 이 거울은 $10^{-18} \sim 10^{-8}$미터의 움직임에 변화를 줄 수 있다. 이런 정밀도의 움직임의 변화는 다른 어떤 과학에서도 시도해본 적이 없는 것이다. 이런 움직임은 실제로 하드웨어 신호주입 hardware injection이라는 가짜 중력파 신호를 주입하여 데이터 분석의 소프트웨어를 테스트하는 데 이용되기도 한다.

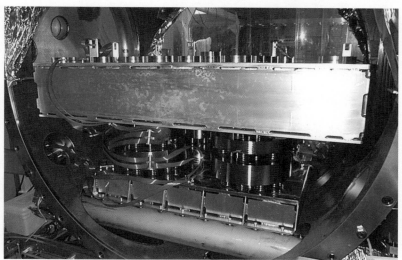

그림17 라이고 검출기의 파워 리사이클 거울(위)과 탄성스프링에 의한 진동감소장치(아래).
[LIGO Laboratory 제공]

Chapter 02 | 건초 더미에서 **바늘 찾기**

라이고 가동으로부터 얻어진 데이터는 그 자체가 검출기가 있는 리빙

스턴 관측소나 핸퍼드 관측소에 위치한 클러스터cluster에 우선 저장되는

데 이를 '원시 데이터raw data'라 부른다. 이 데이터는 매우 많은 정보를 포

함하고 있지만 상당 부분이 분석에 의미가 없고 저해가 되는 요소를 포

함하고 있기 때문에 1차적 가공을 요한다. 거의 95퍼센트 이상의 정보

는 중력파 신호와 관계없는 잡음이다. 즉, 중력파 검출기의 다양한 기기

에서 오는 기기 잡음instrumental noise에 해당한다. 중력파 검출기를 구성하

는 전자기기의 전류계amperemeter, 자기장계magnetometer, 마이크microphone 등의

센서들에서 감지된 다양한 기기 잡음이 중력파 데이터에 포함된다. 또한

외부 진동을 감지하는 지진계seismometer 등에서 감지된 진동 잡음seismic noise

등이 포함된다.

　이러한 잡음들로부터 분석이 가능한 단계의 순수한 데이터의 질이

유지되도록 검출기의 특성에 맞도록 분석하고, 검출기 특성상 발생하는 잡음을 연구하여 분석 가능한 데이터를 재생산해내는 일을 하는 것을 '검출기 특성detector characterization' 연구라 한다. 이 단계는 중력파의 신호를 검출해내는 데 있어 매우 중요한 단계이다. 잡음 수준을 낮추어 유의미한 신호를 발견해내는 데 필수적이기 때문이다.

라이고 검출기가 가지는 태생적인 잡음의 한계가 있다. 그것은 레이저를 사용하기에 발생하는 '광자 산탄 잡음photon shot noise', 레이저가 거울의 면을 때리거나 매달려 있는 현가장치에 생기는 '열잡음test mass or suspension thermal noise', 그리고 지상에서 동작하기에 발생하는 '진동 잡음'이다. 이 잡음의 패턴으로 인해 〈그림18〉과 같은 검출기의 민감도 곡선을 얻게 된다. 그림에서 보듯이 중력파 검출기의 민감도 잡음 곡선은 영향을 주는 잡음들의 총합으로 그려진다. 결국 검출기의 민감도에 중요하게 영향을 미치는 세 가지 잡음에 의해 민감도가 결정되며, 대략 10~1,000헤르츠 근방의 주파수 영역에서 가장 좋은 민감도를 얻게 된다. 이 잡음의 위쪽 영역이 잡음들로부터 안전하여 이 신호 세기가 이 주파수대 영역에 들어오는 중력파가 발생한다면 검출기는 중력파를 감지할 수 있게 된다.

라이고 데이터로부터 중력파의 신호를 찾아내는 과정은 그리 쉽지 않다. 더구나 이 중력파 신호는 현재까지 인류가 한 번도 확인해본 적이 없는 신호이기에 어떠한 방식으로 어떠한 과정을 거쳐서 찾아낼 수 있는지에 대한 경험이 없다. 그렇기 때문에 다양한 통계적 방법을 위시한 분석 알고리즘이 모두 사용된다. 그나마 잘 알려진 파형에 대해서는 그 파

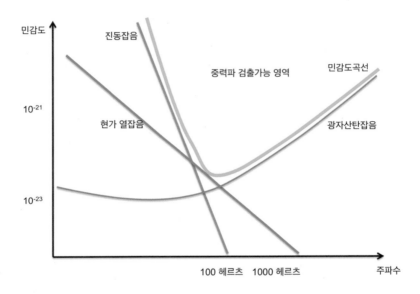

그림18 중력파 간섭계의 주요 잡음에 의한 민감도 곡선. 진동 잡음과 현가 열잡음, 광자
산탄 잡음의 합으로 민감도 곡선의 모양이 정해진다.

형을 이용한 필터를 구성하여 신호를 찾아낸다. 그리고 찾아낸 신호가 진짜 신호인지 검증하기 위해 '오경보 비율FAR, false alarm rate'을 제시함으로써 검출된 신호의 신빙성을 높여줄 수 있다. 이는 앞에서 기술했던 대로 어떤 우연적인 잡음의 분포가 실제 중력파 신호와 유사한 신호를 발생할 수 있기 때문이다. 또한 발생한 중력파 신호가 어떠한 천문학적 사건에서 오는지에 대한 물리적 파라미터 값들도 제시할 수 있어야 한다. 즉, 중력파를 발생시키는 천체의 종류, 질량, 자전, 거리, 천구상의 위치 등을 추정하여 그 중력파원에 대한 정보도 제공할 수 있어야 한다.

중력파 데이터는 거의 대부분이 중력파와는 관계없는 잡음으로 이루어져 있다. 이 잡음 속에서 아주 약한 중력파 신호를 찾는 것은 마치 펼쳐놓은 건초 더미에 떨어진 바늘 하나를 찾는 것과 다름없다. 이 잡음의 더미 속에서 미약한 신호를 찾는 것은 기본적으로 '컨볼루션convolution'이라는 수학적 과정을 통해 이루어진다. 두 신호 간의 상관관계를 측정하는 것으로서 중력파 데이터 속에 숨겨져 있는 미약한 중력 신호와 여러 시험 데이터들의 상관성을 확인하는 과정이다.

중성자별이나 블랙홀 2개가 회전하면서 중력파를 방출하는 밀집 쌍성계compact binary system의 경우에는, 그 두 별의 궤도운동이 뉴턴의 역학에 의해 기술되고 방출하는 파형을 정확하게 공식화할 수 있기 때문에 이 시험 데이터는 이 쌍성계 모델에 의해 계산된 파형으로 이용한다. 이를 파형 템플릿waveform template이라고 하며, 이 방식은 잘 알려진 '정합필터matched filter'에 의한 신호 탐색 방법이다. 신호의 탐색 과정은 신호 자체를 검출하는 것뿐만 아니라 중력파를 방출하는 파원의 질량, 거리, 주파수 등 천제가 가지는 물리적 정보들까지 예측할 수 있어야 한다. 따라서 해당하는 파형의 파라미터 값에 따라 대략 2만 개 정도의 파형 템플릿 은행waveform template bank을 만들고 이를 중력파 데이터에 적용하여 가장 그럴듯한 파형의 파라미터 구성을 찾게 된다. 이 방법은 밀집 쌍성계로부터 방출되는 중력파 신호를 찾는 전형적인 방법이다. 이 외에도 잘 알려지지 않는 파형들을 가진 중력파원도 검출의 주요 후보가 되는데 그 지속 시간에 따라 순변파원transient wave source과 연속파원continuous wave source으로 구분한다. 이러한 파형이 잘 알려지지 않은 경우에는 '정합필터'의 방식이 아닌 다른 여러 방식들을 사용하게 된다.

중력파의 검출 확률을 높이기 위해서는 가능한 한 잡음 신호들을 제거하고 분석이 가능한 데이터의 질data quality을 높이는 것이 중요하다. 이 중력파 검출기는 지구상에서 현존하는 가장 민감한 검출기이므로 지상에서 발생하는 많은 신호에 대한 정보를 담고 있다. 실제로 초기 라이고의 시기에 특정 주파수 영역에서 주기적으로 발생하는 약한 신호가 발견되었는데, 이 신호의 정체를 분석하던 연구진은 이 신호가 리빙스턴 관측소에서 약 1,000킬로미터나 떨어진 뉴올리언스 해안의 절벽을 주기적으로 때리는 파도에 의한 진동신호임이 밝혀졌다.

이러한 이유로 비행기가 지나가거나, 어떤 시간대에 지진이 발생하거나 하는 환경적 변화에 의한 신호들을 1차적으로 제거하게 되는데 이것을 '제1비토 범주Veto Category 1'라 부른다. '비토'는 중력파와 무관한 잡음을 주는 변수와 요인들을 목록으로 만들어 이것에 부합되는 경우 해당하는 신호의 후보들을 데이터에서 제외하는 것을 말한다. 이 범주는 환

메이커스 주니어

만들며 배우는 어린이 과학잡지

초중등 과학 교과 연계!

교과서 속 과학의 원리를 키트를 만들며 손으로 배웁니다.

메이커스 주니어 01

50쪽 | 값 15,800원

홀로그램으로 배우는 '빛의 반사'

Study | 빛의 성질과 반사의 원리

Tech | 헤드업 디스플레이, 단방향 투과성 거울, 입체 홀로그램

History | 나르키소스 전설부터 거대 마젤란 망원경까지

make it! 피라미드홀로그램

메이커스 주니어 02

74쪽 | 값 15,800원

태양에너지와 에너지 전환

Study | 지구를 지탱한다, 태양에너지

Tech | 인공태양, 태양 극지탐사선, 태양광발전, 지구온난화

History | 태양을 신으로 생각했던 사람들

make it! 태양광전기자동차

메이커스

정식 한국어판 大人の科学 韓國語版

vol.1

70쪽 | 값 48,000원

천체투영기로 별하늘을 즐기세요!
이정모 서울시립과학관장의
'손으로 배우는 과학'

make it! **신형 핀홀식 플라네타리움**

vol.2

86쪽 | 값 38,000원

나만의 카메라로 촬영해보세요!
사진작가 권혁재의
포토에세이 사진인류

make it! **35mm 이안리플렉스 카메라**

vol.3

Vol.03-A 라즈베리파이 포함 | 66쪽 | 값 118,000원
Vol.03-B 라즈베리파이 미포함 | 66쪽 | 값 48,000원
(라즈베리파이를 이미 가지고 계신 분만 구매)

라즈베리파이로 만드는
음성인식 스피커

make it! **내맘대로 AI스피커**

vol.4

74쪽 | 값 65,000원

바람의 힘으로 걷는 인공 생명체
키네틱 아티스트
테오 얀센의 작품세계

make it! **테오 얀센의 미니비스트**

vol.5

74쪽 | 값 188,000원

사람의 운전을 따라 배운다!
AI의 학습을 눈으로 확인하는
딥러닝 자율주행자동차

make it! **AI자율주행자동차**

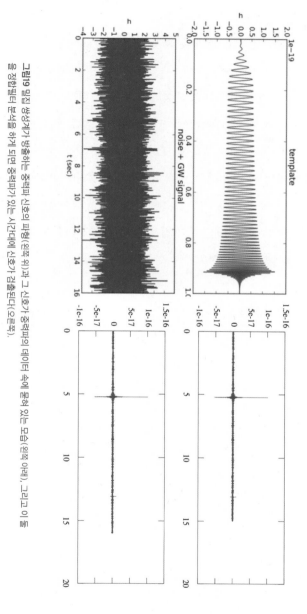

그림19 밀집 쌍성계가 방출하는 중력파 신호의 파형(왼쪽 위)과 그 신호가 중력파의 데이터 속에 묻혀 있는 모습(왼쪽 아래), 그리고 이들을 정합필터 분석을 하게 되면 중력파가 있는 시간대에 신호가 검출된다(오른쪽).

경적 변화요인과 더불어 검출기의 사정상 데이터 분석에서 제외되는 부분의 데이터이다. 예를 들어, 검출기의 이상동작으로 데이터의 신뢰성을 잃었거나, 조율 오류calibration error나, 기타 검출기의 데이터 신뢰성을 잃을 만한 사유가 발생한 시간대의 데이터를 말한다. '제2비토 범주Veto Category 2' 는 여전히 좋지 못한 데이터이지만 삭제하지 않고 적절한 데이터 처리 과정을 통해 좋지 못한 부분에 표시를 해두는 것을 말한다.* 이 영역은 잘 알려진 기기 잡음에 의한 방해요인**이 데이터에 포함될 때 적용되는 비토이다. 이 두 단계를 거침으로써 비로소 데이터 분석을 통한 중력파 신호를 검출 할 수 있는 본격적 단계가 시작된다. '제3비토 범주' 이후의 단계는 탐색을 위한 분석의 성격상 적용되는 범주로, 파원이나 파형, 분석의 방법 등 그 목적에 따라 다르게 적용된다.

---

* Data Quality Flag라고 부른다.

** 기기적 글리치instrumental glitch라고 부른다.

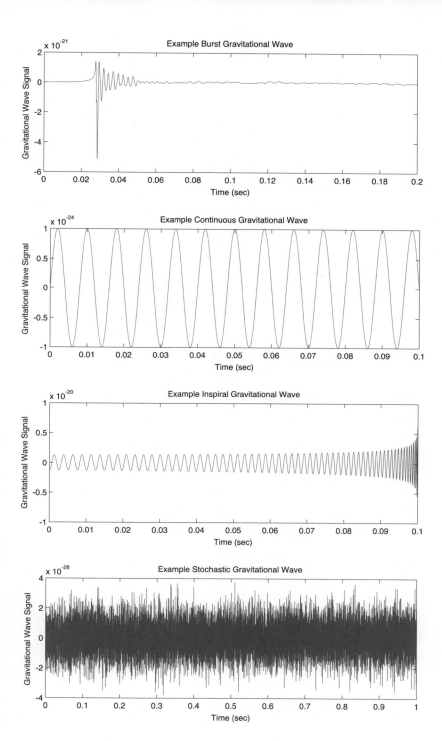

그림20 중력파 파원의 종류. 위에서부터 폭발체, 연속파원, 회전하는 쌍성계, 그리고 스토캐스틱 파원의 예이다. [Amber Stuver/라이고 과학협력단 제공]

라이고의 첫 과학가동Science Run 1은 2002년 8월 23일에서 9월 9일까지 약 보름 남짓 이루어졌다. 본격 건설이 시작된 이후 약 2년 만이었다. 이때부터 2005년 11월 4일부터 2007년 10월 1일까지인 다섯 번째 과학가동 시기를 '초기 라이고 시기iLIGO era, Initial LIGO era'라 부른다. 이 시기까지의 목표는 라이고의 목표 민감도target sensitivity인 10^{-21}을 도달하는 것이었다. 초기 라이고의 과학가동 시기는 〈표4〉에 정리되어 있다.

2002년 8월 23일 첫 번째 과학가동에서 처음으로 데이터를 받기 시작해서 약 17일간 가동이 지속되었다. 이때 민감도는 약 100~300헤르츠 근방에서 약 7×10^{-20} 정도였다. 그러나 2003년 2월 14일부터 약 59일간 지속된 두 번째 과학가동은 거의 4배나 오래 가동했고, 10배가량 민감도가 향상되었다. 첫 번째부터 다섯 번째까지의 과학가동 기간 동안의 우선목표가 건설의 설계 민감도design sensitivity에 도달하는 것이었다. 그래서

표4 초기 라이고iLIGO의 과학가동 횟수와 가동시기

명칭	과학가동 (Science Runs)	가동시기	가동일
iLIGO	S1	2002년 8월 23일~2002년 9월 9일	17일
	S2	2003년 2월 14일~2003년 4월 14일	59일
	S3	2003년 10월 31일~2004년 1월 9일	70일
	S4	2005년 2월 22일~2005년 3월 23일	30일
	S5	2005년 11월 4일~2007년 10월 1일*	697일

---

* 2007년 9월 21일부터 2007년 10월 1일 사이의 관측은 최초의 라이고 2대와 버고 1대의 삼중일
치 관측Triple Coincidence이었다.

데이터에서 중력파 신호가 있는지의 분석 여부보다는 일단 검출기 자체의 특성을 파악하고, 잡음을 분류하며, 검출기 이상신호에 대한 이해를 하여 성능을 높이는 데 주력했다. 그 결과로 다섯 번째 과학가동에서 목표 민감도에 도달했고, 이후 과학가동은 실제 과학적으로 의미 있는 데이터들이 축적되기 시작했다.

이후 몇 가지 기기상의 기술적 업그레이드를 적용하여 약간 향상된 검출기로 과학가동을 하게 되는데 이 시기를 '개선된 라이고eLIGO, Enhanced LIGO' 시기라 부른다. 이때는 초기 라이고보다 약 2배의 민감도 향상을 목표로 했고, 채택된 주요 업그레이드 기술로는 향상된 파워의 레이저 등의 기술들이 채택이 되어 2009년에서 2010년까지 총 네 번의 추가 과학가동을 수행한다. 여섯 번째 과학가동은 〈표5〉에 요약되어 있다.

다섯 번째 과학가동 시 10와트의 초기 입력레이저를 35와트까지 향상된 것으로 사용했고, 여러 가지 검출기의 민감도를 향상시키는 첨단기법들이 투입되었다. 그리고 이 시기에 드디어 초기 라이고가 목표한 검출 민감도에 도달하기에 이르렀다. 건설과 구축이 마무리되고 과학적 가동을 통한 검출이 본격화되는 시기가 시작되었다. 이렇게 2002년 첫 과학가동 데이터를 수집하기 시작해서 라이고는 본격적인 관측을 했고, 가동은 2010년 10월 21일에 종료되었다.

이 기간의 과학적 성취들은 목표한 설계 민감도에 도달한 것과 더불어 해당 과학가동 기간 내의 데이터에서 중력파가 발견되지 않았다는 결론을 내린 것이다. 그 가능성에 대해서는 현재의 검출기의 민감도(혹은 관측 범위)가 실제 중력파를 발견할 확률 대비 어떠한가를 가늠해

표5 개선된 라이고eLIGO의 과학가동 횟수와 가동시기

명칭	과학가동 (Science Runs)	가동시기	가동일
eLIGO	S6A	2009년 7월 7일~2009년 8월 24일(LLO) 2009년 7월 7일~2009년 9월 1일(LHO)*	49일 66일
	S6B	2009년 9월 24일~2010년 1월 11일	110일
	S6C	2010년 1월 16일~2010년 6월 26일	162일
	S6D	2010년 6월 26일~2010년 10월 21일	118일

* LLO=LIGO Livingston Observatory, LHO=LIGO Hanford Observator

야 한다. 이는 현재의 검출기 관측 능력 대비 실제 중력파원이 발생했을 때 얼마나 자주 발견할 수 있는가를 측정하는 검출 기대율expected rate로 나타낼 수 있다. 초기 라이고 시기에서 예견한 중력파 검출기의 검출 기대율은 우리 은하의 초신성 폭발의 경우 100년에 1~3개였다. 또한 대략 3억 광년 거리의 블랙홀 쌍성계에서 방출하는 중력파는 약 1년당 1개에서 1,000년 당 1개꼴이었다. 6,000만 광년 정도 떨어진 곳의 중성자별 쌍성계는 100년당 10개에서 1만 년 당 1개꼴로 추정되었다. 이는 천체의 예측할 수 없는 사건에 기인한 것을 감안하더라도 관측을 하는 입장에서는 매우 낮은 확률이었다. 관측 가능한 우주의 범위가 그리 멀지 않아 확률이 높은 중력파원이 관측범위 내에 매우 희박하게 존재하기 때문이었다. 이는 개선된 라이고 시기에서도 별반 다르지 않았다.

이런 낮은 기대율에 비추어 보면 2010년까지 종료된 중력파 검출기에서 성과가 없이 "그동안의 데이터에서는 중력파는 존재하지 않았다"라는 결론을 내린 것은 어찌 보면 당연한 결과였다. 그러한 결과와 병행하여 라이고의 과학자들은 중력파 검출이 가능한 '상한한계upper limit'를 제시해왔다. 이 상한한계는 해당 기간의 관측 데이터에서 특정 중력파원이 발견될 수 있는 최대 거리를 의미한다. 결론으로서 제시된 상한한계는 주어진 관측 기간 동안에 적어도 해당 분석법으로 찾고자 하는 중력파원은 현재 검출기가 관측 가능한 거리 내에서는 존재하지 않는다는 의미이다.

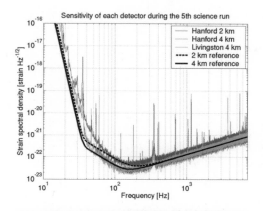

그림21 다섯 번째 과학가동에서 도달한 목표 민감도(검정색 실선과 점선)와 실제 도달한 민감도(붉은색, 파란색, 초록색 실선)를 나타낸 그래프(위). 이를 기념하기 위한 축하 케이크에 그려진 검출기 민감도(아래). [LIGO Laboratory 제공]

Chapter 04 | 전 지구적 **네트워크가 필요하다**

미국이 주도하는 중력파 검출기인 라이고 이외에 전 세계에서는 이미 유사한 중력파 검출기 프로젝트들이 진행되었다. 바 검출기 시대의 르네상스를 맞았던 것처럼 이제 전 세계의 중력파 검출에 참여하는 과학자들은 레이저 간섭계의 기술을 마다할 이유가 없었다. 유럽에서는 버고와 지오 600 검출기가 건설되고 있었고, 일본에서는 독자적으로 타마 300^{TAMA} $_{300}$ 프로젝트가 진행되고 있었다.

버고는 이탈리아와 프랑스의 합작 프로젝트로 이탈리아 국립핵물리연구소^{INFN}와 프랑스 국립과학원^{CNRS}이 협력한 레이저 간섭계 프로젝트였다. 그 검출기는 이탈리아 피사^{Pisa} 근처의 카시나^{Cascina} 근교에 건설된 팔 길이 3킬로미터의 파브리-페로 간섭계형 검출기였다. 버고는 2007년에 라이고와 데이터 공유 및 기술 협력 등을 위한 협약을 체결했고, 이후 라이고 과학협력단은 버고와 함께 라이고-버고 협력체로서 한

몸과 같은 협력연구를 진행해왔다.

1985년 독일 그룹은 3킬로미터 길이의 레이저 간섭계 프로젝트를 제안했다. 그리고 영국 그룹 역시 1986년에 유사 프로젝트를 제안했다. 1989년에 이 두 그룹은 북부 독일 하르츠 산에 양국이 합작하여 3킬로미터의 지오 중력파 검출기를 건설할 것을 제안했다. 그러나 이 프로젝트는 1990년 독일 통일 이후 대형 프로젝트를 위한 연구비 확보의 어려움으로 실현되지 못했다. 이후 양국은 1994년 이보다 작은 중력파 검출기를 제안했고 그것이 지오 600이었다. 1995년 독일 하노버 남쪽 근교에 독일-영국이 합작한 팔 길이 600미터의 레이저 간섭계형 중력파 검출기가 건설되었다. 2002년 첫 과학가동을 시작한 이래 라이고와 함께 협력을 유지해왔다.

특히 2010년 라이고와 버고가 가동을 모두 마치고 어드밴스드 라이고와 어드밴스드 버고의 업그레이드를 위해 중단되었을 때 지오 600은 지구상에 유일하게 존재하는 중력파 레이저 간섭계였다. 그 검출 민감도는 라이고와 버고에 비해 좋지 못했지만, 아주 드물게 발생하는 강력한 중력파원의 신호를 검출하기에는 충분했다. 그래서 지오 600은 여전히 이 목적으로 가동되고 있었다. 특히 검출이 기대되었던 파원은 지구에서 약 600광년 떨어진 베텔게우스Betelgeuse와 같은 적색 초거성red supergiant star 이었다. 만약 이러한 천체가 초신성 폭발을 일으켰었다면 지오 600은 이 천체로부터 발생한 중력파를 충분히 검출했었을 것이다.

지오 600은 그 외에 검출기 부품의 최신 기술들에 대해 연구하고 검출기 성능을 향상시키는 일종의 실험실과 같은 역할을 했다. 그 하나로 레이저가 가지는 양자역학적 한계를 넘어서기 위해 빛의 쬠 상태^{squeezed} $^{state\ of\ light}$를 응용한 간섭계에 대한 연구를 제안하기도 했다. 이를 통해 광자 산탄 잡음의 영역이 더 낮아져 고주파 대역에서 훨씬 민감한 검출기 성능을 보여주게 된다. 따라서 기존의 광자 산탄 잡음의 장벽에 가려 검출되지 못하는 중력파원들이 검출 가능 영역으로 들어오게 되어 중력파 검출의 한계를 넓히는 효과가 있다. 지오 600은 라이고와 버고의 임무와 별도로 독자적인 검출기 업그레이드를 계획하고 가동하고 있다.

일본에서는 1995년 수 킬로미터의 팔 길이를 가지는 본격적인 중력파 검출기의 건설을 목표로 중력파 검출기가 가지는 가능성을 연구하기 위해 300미터 길이의 독자적인 중력파 검출기를 제작했다. 이는 일본 국립천문대$^{National\ Astronomical\ Observatory\ of\ Japan}$에 타마 300이라는 이름의 파브리-페로 간섭계형 검출기였으며, 약 1킬로헤르츠 근방에서 검출기 민감도는 10^{-21}에 도달했다. 이후 극저온 거울을 이용하고 카미오카^{Kamioka} 광산 지하에 100미터 길이의 새로운 중력파 검출기 프로젝트를 진행했는데 이를 클리오$^{CLIO,\ Cryogenic\ Laser\ Interferometer\ Observatory}$라 부른다.

이 두 프로젝트는 본격적인 과학가동 모드에서 중력파원을 관측하지는 못했지만, 카그라^{KAGRA}*라 불리는 새로운 대형 극저온 레이저 간섭계를 위한 철저한 준비 작업이었다. 카그라는 슈퍼-카미오칸데$^{Super-}$ ^{Kamiokande}**라 불리는 중성미자^{neutrino} 검출기로 유명한 카미오카 광산 지하

---

* 카그라는 일본어 '神樂'에서 따온 것이다. 공교롭게도 이 검출기가 위치한 카미오카 산은 '神岡', 즉 '신의 산'이란 의미를 가지고 있다.

** Super-Kamioka Neutrino Detection Experiment

그림22 일본의 차세대 극저온 중력파 검출기인 카그라. 이 검출기는 슈퍼-카미오칸데 중성미자 검출기가 있는 카미오카 광산 1킬로미터 지하에 양팔 3킬로미터의 동굴을 파고 지어지고 있다. 대략 2020년 이후 첫 과학가동이 진행될 예정이다. [ICRR, University of Tokyo 제공]

1킬로미터에 팔 길이 3킬로미터의 파브리-페로 레이저 간섭계를 건설하는 프로젝트이다. 특이한 사항은 지하에 건설함으로써 진동 잡음 영역을 최소화하고, 극저온 기술을 사용함으로써 열잡음을 최소화하고자 하는 노력이 담겨 있다. 2014년에 3킬로미터의 팔이 들어갈 동굴 굴착이 완료되었으며, 2016년 3월부터 4월 사이 시험 관측가동 후 다시 극저온 장치의 설치를 위한 업그레이드 과정에 들어가 2020년 본격 관측을 목표로 하고 있다. 목표 관측 민감도는 어드밴스드 라이고와 어드밴스드 버고와 비슷한 수준인 10^{-23} 정도이며, 완료되어 가동되는 2020년에는 중력파 검출기 네트워크에 본격적으로 참여할 것이다. 현재 이 카그라 중력파 검출기는, 2015년 중성미자의 진동현상을 통해 중성미자가 질량을 가진다는 것을 발견한 공로로 노벨 물리학상을 수상한 가지타 다카아키Kajita Takaaki 교수가 책임자로 프로젝트를 이끌고 있다.

호주 중력파 그룹은 2010년 라이고의 과학가동이 종료된 이후 이 라이고 시설을 동일하게 호주에 유치하여 설치하고자 노력했다. 호주의 중력파 그룹은 야심 차게 이 프로젝트를 추진했고, 남반구에 중력파 간섭계를 유치하는 것은 과학적으로도 매우 의미 있는 일이었다. 수년간 라이고 유치에 힘썼던 호주 그룹은 결국 호주 정부가 본 프로젝트를 승인하지 않음으로써 무산되었다.* 라이고 검출기의 새로운 장소를 물색하던 라이고 과학협력단과 미국과학재단의 노력, 그리고 인도의 적극적인

---

* 전하는 말로 호주 정부는 에스-케이-에이SKA, Square Kilometre Array라고 하는 대형 천문학 프로젝트의 추진으로 라이고 호주 프로젝트를 포기했다.

유치로 결국 라이고 인도LIGO-India 프로젝트가 결실을 맺었다. 4킬로미터의 어드밴스드 라이고와 동일한 검출기 시스템을 미국이 제공하고 인도는 건물, 도로, 검출기 건설장소 등의 기간시설을 담당하는 조건으로 미국과 인도에서 승인을 얻었다. 현재 부지 선정 단계에 있으며 향후 2022년 이후 건설과 과학가동을 목표로 추진되고 있다.

이렇게 향후에 2대의 어드밴스드 라이고, 어드밴스드 버고, 카그라, 라이고 인도의 총 5대의 중력파 검출기가 가동되면 전 지구적인 중력파 망원경 네트워크가 형성되며, 중력파 관측의 정밀도와 정확성에서 큰 이득을 보게 된다. 특히, 중력파원의 위치를 아주 정확한 정밀도로 측정할 수 있게 되므로 중력파가 어디에서 오더라도 그 파원의 위치를 정밀하게 찾아낼 수 있다.

〈그림23〉에서는 중력파 네트워크가 형성되었을 때 중력파원의 위치를 지정하는 천구상 위치의 정밀도를 시뮬레이션 한 결과를 보여준다.[1] 붉은 X 표시는 중력파원의 위치를 정할 수 없는 암영 지역을 뜻한다. 이는 중력파 검출기가 지구상에 고르게 분포하지 않고 북반구, 그것도 특정 지역에 편중되어 분포하기 때문이다. 만약 호주에 라이고 검출기가 건설되었다면 지리적인 이득을 크게 보았을 것이다. 그러나 그림에서 보듯이 5대의 중력파 검출기가 모두 가동된다면, 거의 전 하늘에서 발생하는 중력파원을 정밀하고 정확하게 측정할 수 있게 된다.

중력파 관측소 네트워크가 가지는 또 다른 이익은 듀티 사이클duty cycle이라 불리는 실제 관측가동률을 상시 100퍼센트로 유지할 수 있다는 점이다. 중력파 검출기의 부품 수리, 교체, 업그레이드를 위해 일시 가동

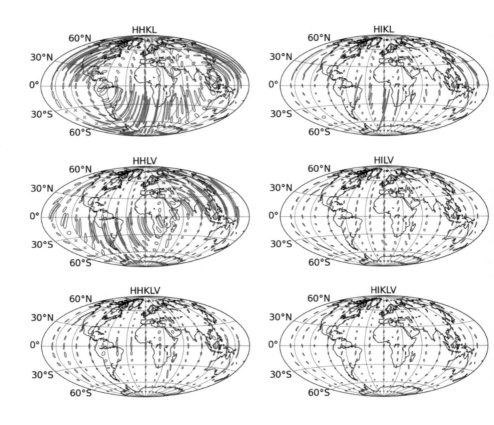

그림23 중력파 관측 네트워크가 형성되었을 때 중력파원의 위치를 정하는 정밀도의 시뮬레이션. H는 라이고 핸퍼드 관측소, I는 라이고 인도, L은 라이고 리빙스턴 관측소, V는 버고, K는 카그라를 의미한다. H가 2개인 것은 핸퍼드 관측소의 초기 2대의 간섭계를 의미한다. 붉은색 X 표시는 지구에서 관측할 수 없는 암영지역을 뜻하며 파란 원의 크기가 작을수록 위치를 정하는 정밀도가 정밀해짐을 의미한다. [S. Fairhurst 제공]

을 중지하는 중에도 최소 3대 이상의 다른 중력파 검출기가 가동된다면, 언제 어디서 발생할지 모르는 중력파원에 대한 탐색을 연중 지속할 수 있게 된다. 또한 여러 대의 관측소 데이터를 이용함으로써 잡음의 수준을 줄일 수 있고, 검출기의 민감도를 더 낮추는 것이 가능해진다.

이렇게 네트워크를 구성하는 가장 중요한 이유는 전자기파 후속관측electromagnetic wave follow-up을 위하여 중력파원의 위치를 정확하게 측정해야 하기 때문이다. 전자기파 관측을 위해 인류가 가진 장비로는 광학망원경, 전파망원경, X-선망원경, 감마선망원경, 그리고 우주과학 위성 등이 존재한다. 중력파원 중에 전자기파 방출을 동반하는 파원들이 있다. 예를 들어, 초신성 폭발의 경우 가장 먼저 중력파가 지구에 도달하고, 수 밀리초millisecond 뒤에 중성미자 섬광이 도달한다. 그리고 수 시간에서 수일 뒤에 전자기파가 도달한다. 현재의 광학관측은 전자기파의 전천탐색을 하는 것이 거의 불가능하다. 그 이유는 세계 여러 곳의 광학천문대 등은 1년 내내 꽉 짜인 일정으로 관측 계획이 수립되어 있고, 그 계획에 따라 운영이 된다. 아울러 커다란 망원경 장비를 특정 위치로 움직이는 데 절차와 시간이 소요된다.

대부분의 광학망원경은 전천탐색보다는 특정한 목적에 의해 대상관측targeted observation을 하게 된다. 그렇기 때문에 어떤 시기에 초신성 폭발과 같은 커다란 사건의 빛이 관측된다면 그때 해당 위치에 망원경을 돌려 관측을 하게 되므로 거의 폭발체의 후광afterglow만을 관측하게 되며, 폭발 초기의 상태를 관측하기 어렵다. 그러나 만일 중력파로 인한 초신성 폭발 사건을 미리 알 수 있게 된다면 그 정보를 토대로 중력파원의 위치

그림24 중력파 검출기 네트워크. 붉은색 상자(다이아몬드)는 중력파 레이저 간섭계, 파란색 상자(X표 시)는 광학천문대, ⊕표시는 감마선망원경, Swift는 우주과학 위성, ANTARES는 중성미자 검출기이다.

를 미리 파악하여 광학천문대 등에 관측 예보를 지시하고, 이를 통해 폭발의 초기부터 관측할 수 있는 새로운 형태의 천문학적 관측이 가능해진다. 이렇게 다양한 관측 수단을 총동원하여 천체를 관측하는 방식을 '멀티메신저 천문학multi-messenger astronomy'이라 부르고, 중력파의 발견이 이러한 새로운 유형의 천문학을 태동시키게 될 것으로 기대하고 있다. 실제로 라이고 과학협력단의 연구그룹에서는 전자기파 후속관측을 위한 경보체계EM Alert를 갖추고 있는데, 중력파가 관측이 되면 온라인 분석을 통해 10분 이내에 중력파의 검출 정보와 위치를 광학망원경에 전송하여 후속관측을 하도록 하는 체계이다.

이러한 이유로 라이고 과학협력단은 중력파를 통한 전자기파의 후속관측 네트워크를 구축하기 위해 전 세계의 수많은 광학천문대, 중성미자 검출 실험단, X-선, 감마선 관측소와 위성 연구단 등과 협력체계를 구축해왔다. 〈그림24〉에서는 라이고 과학협력단과 전자기파 후속관측을 위해 협정을 맺고 있는 전 세계의 광학천문대, 고에너지 실험시설, 그리고 우주과학 관측위성을 도식화했다.

중력파 검출을 위한 또 하나의 네트워크는 중력파 데이터의 분석을 위해 누구나 자신의 컴퓨터 자원을 기부하여 참여할 수 있는 '아인슈타인 앳 홈 프로젝트Einstein@HOME project'[2]이다. 이 프로젝트는 보인크BOINC, Berkeley Open Infrastructure for Network Computing를 이용해서 자발적으로 자신의 컴퓨터 자원을 공유하고 기부하는 사람들의 참여로 거대 데이터를 분석하는 것을 말한다. 보인크는 버클리대학교에서 개발한 계산 자원의 기여를 통한 데이터의 분산처리 미들웨어로, 이를 이용한 가장 유명한 프로젝트는 외계 지적생명체 탐사 프로젝트인 '세티 앳 홈SETI@HOME'이 있다. 우리나라에서도 수년 전 이를 이용하여 '코리아 앳 홈' 프로젝트를 시도한 바 있다.

아인슈타인 앳 홈은 2005년 세계 물리의 해를 기념하여 미국물리학회American Physical Society의 지원을 받아 시작되었으며, 2015년 2월 현재 약 38만 7,000여 명이 참여하고 있다.* 기본적으로 프로젝트에 참여하게 되면 자신의 데스크톱 컴퓨터의 자원을 기부하고 이렇게 모아진 계산 자원을 이용해 프로젝트를 각 계산 자원에 할당하여 분석에 활용하도록 하는 것이다. 아인슈타인 앳 홈 프로젝트는 실제 라이고의 다섯 번째 과학자 동의 펄서와 연속 중력파원의 전천탐색 분석에 사용되었는데, 이 결과로 출간된 논문은 계산자원의 자발적 기부가 과학적 발견에 기여한 최초의 사례였다.[3]

---

* 2015년 2월 현재 세티 앳 홈, 로제타 앳 홈에 이어 세 번째로 큰 프로젝트이다.

라이고의 다섯 번째 과학가동에서 중요한 사항은 '암맹 주입 테스트BIC, blind injection challenge'라는 절차를 도입했다는 것이었다. 이는 검출기에 가짜 신호를 인위적으로 주입하여 아무것도 모른 상태에서 이 신호를 찾을 수 있는지를 확인하는 일종의 '실전 모의고사' 같은 것이었다. 그 과정은 컴퓨터를 이용해 신호의 파형을 검출기에 입력하면 자동화 시스템이 검출기의 테스트질량 거울을 살짝 진동시켜 진짜 중력파 신호처럼 보이도록 만드는 것이다.

　이 주입 신호가 있다는 사실은 '암맹주입위원회Blind Injection Committee'의 몇 사람만이 알며 이를 함구하고 있다. 이 위원회는 실제 분석 소프트웨어가 이 신호를 찾게 되는지를 확인하는 중요한 과정을 수행한다. 이 암맹 주입의 여부는 모든 데이터의 분석이 끝마쳐지고 체크리스트들이 완결된 후 위원회에서 정한 라이고-버고 연례총회LIGO-Virgo Collaboration

Meeting에서 '봉투개봉-envelope opening'이라는 절차에 의해 완료된다. 이 분석 시기의 결과에 신호에 대한 암맹 주입 여부를 봉투에 담아 개봉하여 확인하는 일종의 상징적 절차이다. 만약 그 봉투가 아무것도 없이 비어 있다면 후보가 되는 신호는 '진짜' 중력파 신호를 발견한 것이 되나, 위원회에서 주입한 파라미터 값을 나열해두었다면 그것은 '암맹 주입 신호'의 의미였다.

다섯 번째 과학가동이 진행 중이던 2007년의 추분점인 9월 21일 새벽에 중력파로 의심되는 신호가 발견되었다. 최초로 발견된 보고는 버스트 분석그룹Burst working group에서 있었고 이 사건은 '추분점 이벤트'라 불렸다. 라이고의 데이터 분석은 그 분석의 신빙성을 높이기 위해 전체 데이터의 10퍼센트 내외에서 임의로 선별한 데이터로 소위 '놀이터 분석playground analysis'을 한다. 이 분석 과정 동안 있게 될 방법론, 분석 파이프라인, 알고리즘 등에 대한 심도 있는 결과와 논의를 진행한 후 파이프라인 코드를 동결하고 코드 심사를 거치게 된다. 그리고 이제 전체 데이터를 분석하는 과정을 시작하는데 이를 '상자개봉-box open'이라 부른다.

원래대로라면 이 이벤트의 '놀이터 분석' 후 '상자 개봉' 전 과정 분석은 대략 6개월 뒤인 2008년 1월 혹은 2월에 마치기를 기대했었다. 그리고 예정대로라면 2008년 3월 라이고-버고 연례총회에서 봉투개봉이 있어야 했다. 그러나 실제로 이 행사는 1년 6개월이 지나서야 이루어졌다. 2007년 12월까지 분석의 결과들은 이 신호가 실제 중력파 신호임을 지지하는 듯했다. 신호가 발생될 수 있는 우연의 결과의 확률은 대략 25년에 한 번 있을까 말까 할 만한 것으로 대략 중력파의 가능성이 큰 정도였다. 그러나 2007년 12월 19일에 있었던 전화회의에서 한 연구자가 반대의견을 내며 지적했다. 이 신호는 대략 100헤르츠 근방의 신호이고 이곳의 데이터에서 '글리치glitch'라 부르는 기기적 이상 잡음이 많이 발생했다는 이유였다. 특히 핸퍼드의 중력파 검출기에서 '추분점 이벤트' 10초 이내의 시간 동안 얼마나 많은 글리치들이 존재하는지를 예로 들었고, 적어도 분석데이터의 질적인 면에서 나쁜 양상을 보이기에 아무리 중력파의 신호 후보가 존재해도 이는 신빙성을 낮추게 될 뿐이라는 것이었다. 버스트 분석그룹에서는 이 문제를 다음번 연례총회에 상정해서 해결책을 찾고자 합의했다.

2008년 9월 라이고-버고 연례총회는 암스테르담에서 있었다. 이 회의에서 '추분점 이벤트'에 대한 보고들이 이어졌고, 이를 해석하는 발표들이 있었다. 중력파 신호임을 지지하는 그룹과 절대로 중력파일수 없다는 측이 팽팽히 맞섰다. 버스트 분석그룹과 밀집 쌍성계 분석그룹CBC* working group 간의 경쟁도 있었고, 라이고와 버고 측의 긴장감도 상시 존재했다. 이 신호가 알려진 파형에 의한 것이 아니었기에 항상 그 신호는 어떤 전자기적 신호와의 상관성이 내포되어 있을 수 있었다. 버고 역시 이당시 '암맹 주입' 프로토콜이 동작하고 있지 않을 때였기에 오로지 라이고에만 주입되었을지 모를 확률 낮고 의미 없어 보이는 형식적 절차와 검증에 그리 힘을 쏟고 싶어 하지 않았다. 실제 '추분점 이벤트'는 버고의 민감도에서 검출될 수 없는 주파수 영역에서 발견된 신호였고, 버고

---

* Compact Binary Coalescence

측 연구진이 이 사실만으로 분석의 흥미가 반감되는 것은 당연했다. 하지만 라이고 연구진은 분석에 열을 올리고 가능성에 좀 더 무게를 두고 진지한 중력파 검출의 리허설을 하고자 했다.

결국 버고 그룹은 이 '추분점 이벤트'가 검증 위원회로 회부되는 것을 반대했고, 라이고 연구진은 그들이 힘을 쏟아 할 수 있는 많은 것들에 대한 기회를 놓치게 되었다고 생각했다. 전 과정의 데이터 분석에 대한 이견과 논란에도 불구하고 모든 사람이 일치했던 하나의 교감은 바로 결과가 무엇이건 간에 이 정체를 밝히자는 것이었다. 1년 6개월 뒤인 2009년 3월 16일, 캘리포니아 아카디아에서 열린 라이고-버고 연례총회에서 이 신호에 대한 '봉투개봉'이 있었다. 라이고의 소장인 제이 막스Jay Marx는 연단에서 발표 슬라이드를 공개했고 다섯 번째 과학가동에서 2개의 '암맹 주입' 신호가 있음을 밝혔다. 그 하나는 밀집 쌍성계의 신호였고, 다른 하나는 '추분점 이벤트'의 주역인 버스트 신호였다. 밀집 쌍성계의 신호는 검출에 실패했고, '추분점 이벤트'는 논란의 여지 끝에 결국 '암맹 주입' 버스트 신호임이 밝혀진 것이었다. 이 길고 지루한 의견의 불일치로 인해 이 이벤트는 오늘날까지도 악명 높은 암맹 주입 테스트로서 각인되었다.

2010년 9월 20일에 폴란드의 크라쿠프Krakow에서 있었던 라이고-버고 연례총회에서 매우 흥분되는 사건에 대한 최초의 보고가 있었다. 여섯 번째 과학가동의 데이터 중 불과 크라쿠프 총회 4일 전에 있었던 2010년 9월 16일자 데이터에서 중력파의 후보로 여겨질 만한 신호가 포착되었다는 것이었다. 이 신호는 버스트 분석그룹에서 최초 보고가 있었고 이후 밀집 쌍성계 분석그룹에서 추가 확인이 되었다. 이 신호의 정체는 분명 블랙홀 쌍성 혹은 블랙홀-중성자별 쌍성이 1초 이내에 회전하다가 병합 과정을 거치면서 발생하는 중력파의 신호였고, 그 신호의 세기 역시 드물게 강력한 것이었다. 이 당시 중력파 간섭계는 2대의 라이고 간섭계(핸퍼드, 리빙스턴)와 버고 간섭계, 그리고 지오 600이 '과학모드science mode'에서 가동 중이었다. 그러나 신호는 핸퍼드, 리빙스턴에서 검출되었고, 버고와 지오에서는 검출되지 못했다. 버고에서 검출되지 못한 이유는, 대략 신호 대 잡음비SNR, signal-to-noise ratio의 세기가 5.5 이상인 경우에 검출 경보를 알리도록 되어 있는데 버고는 이를 넘지 못한 것으로 파악되었고, 지오 600에서는 검출 민감도가 이를 검출하는 데 도달하지 못했기 때문이었다.

〈그림25〉에서 보듯이 이 신호는 핸퍼드 검출기에서는 약 15, 리빙스턴 검출기에서는 약 10 정도의 신호 대 잡음비의 세기로 측정되었으며 실제로 버고에서는 약 2 정도로 측정되었다. 이 신호의 세기의 차이와 3대 검출기의 삼각측량법triangulation, 그리고 각 검출기로 중력파가 도달하는 지연시간timing delay을 토대로 중력파가 발생한 위치를 추정할 수 있는데, 이 방향은 남반구의 큰개자리Canis Major 부근이었다. 그래서 이 중력파 추정 신호는 '빅 독Big Dog'이라는 애칭으로 불렸다. 신호의 공식 명칭은 GW100916이었다.

회전하는 쌍성계가 방출하는 중력파 신호를 토대로 중력파를 방출하는 두 별의 질량을 가늠해볼 수 있는데, 실제 신호에서는 두 별 각각의 질량이 아닌 '처프 질량chirp mass'이라는 값에 의해 산출된다. 이 값은

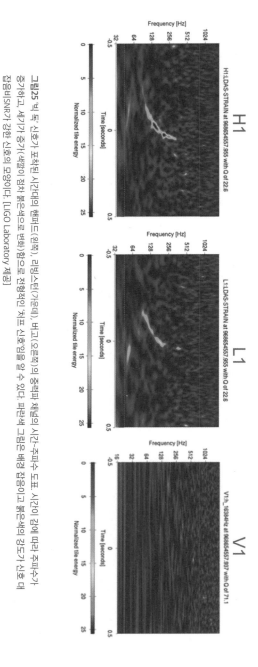

그림25 '빅 독' 신호가 포착된 시간대의 핸퍼드(왼쪽), 리빙스턴(가운데), 비고(오른쪽)의 중력파 채널의 시간-주파수 도표. 시간이 감에 따라 주파수가 증가하고, 세기가 증가(색깔이 점차 붉은색으로 변화)함으로 전형적인 '처프 신호'임을 알 수 있다. 파란색 그림은 배경 잡음이고 붉은색이 강도가 신호 대 잡음비(SNR)가 강한 신호의 모양이다. [LIGO Laboratory 제공]

$M = (m_1 m_2)^{3/5}(m_1 + m_2)^{-1/5}$으로 정의되며, m_1과 m_2는 두 별 각각의 질량이다. 그렇기 때문에 실제 중력파를 내는 천체가 어떠한 질량의 별인지는 매우 많은 경우의 수가 존재한다. 여러 다른 정보를 종합했을 때, 이 빅 독 신호는 자전효과가 없을 경우 태양질량의 24배의 블랙홀과 태양질량의 1.7배 정도의 중성자별 쌍성계에서, 자전효과를 고려하면 태양질량의 5~10배와 3~5배인 블랙홀 쌍성계에서 방출하는 것으로 추정되었다. 큰개자리의 가장 밝은 별인 시리우스Sirius성과 소설 해리포터의 시리우스 블랙Sirius Black 캐릭터를 결합하여 '빅 독'이 역시 블랙홀임이 분명하다는 농담을 건네는 사람들도 있었다.

중력파 신호의 검출 신뢰성을 높이기 위해서 계산된 오경보 비율은 이 '빅 독' 신호의 경우 약 7,000년에 한 번꼴이었다. 오경보 비율이란 어떤 데이터의 분석 오류나 기기상의 이유 혹은 다른 환경적 요인에 의한 유사 신호로 인하여 중력파 신호로 오인하여 검출이라고 잘못 보고될 가능성이 얼마나 되는가 하는 것이다. 그리고 '빅 독' 신호의 경우 그런 가능성은 7,000년에 한 번 일어날 수 있다는 의미였다.

라이고와 버고의 과학자들은 이 크라쿠프 총회 이후 모든 가능성을 열어두고 분석에 열을 올렸다. 매일 수백 통의 이메일과 매주 수십 회의 전화회의가 이어졌고, 만날 때마다 대화의 화제는 단연 '빅 독'이었다. 그러나 이 신호가 진짜 중력파가 아닐 가능성은 여전히 남아 있었다. 이전 다섯 번째 과학가동에서 경험한 '암맹 주입 테스트'의 가능성이 있었기 때문이었다. 앞서 이 과학가동의 시기에 '암맹 주입'이 있었는지는 라이고-버고의 '암맹주입위원회'의 소수 몇 명만이 알고 있다고 이야기했다. 그럼에도 이 신호가 진짜 중력파가 발견된 것임을 배제할 수 없었기에 라이고-버고의 과학자들은 실제 상황처럼 모든 분석에 임했다. 게다가 여섯 번째 과학가동의 종료가 한 달 뒤로 예정되어 있었고, 이후 라이고 검출기의 계획은 어드밴스드 라이고의 업그레이드를 위해 모든 장비를 분해해서 재조립하고자 하는 5년간의 공백기가 있을 것이었다. 따라서 한 달 뒤면 현 상태의 중력파 신호를 어떤 식으로든 재현하고 간섭계를 활용할 기회가 없게 되는 셈이었다.

이러한 상황들이 과학자들을 더욱 거세게 몰고 갔다. 라이고의 가동 종료까지 할 수 있는 모든 것을 해야 했다. 기존에 계획된 일들을 모두 접고 모든 사람들이 '빅 독' 분석에 매달렸고, 수많은 체크리스트들이 하나하나 검증되었다. 블랙홀 쌍성임을 입증하기 위한 전자기파 후속관측의 결과 보고들도 이어졌다. 동일한 시간대의 위치를 측정한 몇몇 광학천문대에서의 전자기파 후속관측의 결과가 '중력파 신호'로 보이는 사건은 없었다는 결과들이 속속들이 이어졌다. 블랙홀에서부터 발생한 중력파의 가능성이 점점 커지는 순간들이었다. 파라미터 추정 연구그룹parameter estimation working group에서는 중력파원이 가져야 할 정확한 물리량(예를 들어, 각각의 질량, 자전, 거리 등)을 정확하게 추정하기 위한 엄청난 양의 계산들이 이어졌다. '빅 독' 신호의 파원까지의 거리는 약 7~60메가파섹Mpc, megaparsec*으로 추정되었다.

동시에 '검출의 성공'을 발표하기 위한 《피지컬 리뷰 레터》에 투고

---

* 1파섹은 약 3.26광년이다.

할 논문의 초안 작업도 진행되었다. 논문은 보고될 모든 파라미터 값만을 공백으로 처리한 템플릿template으로 작성되어 분석그룹의 구체적인 결과 값만을 기다리고 있었다. 그리고 위원회에서는 전 연구진에게 엠바고embargo 명령이 떨어졌다. 그 시한은 '암맹 주입'의 봉투개봉이 있게 될 2011년 3월 캘리포니아의 아카디아에서 개최될 예정인 라이고-버고 연례총회 때까지였다. 라이고-버고 협력단 이외의 사람들에게 '빅 독'에 대한 구체적인 언급을 회피하고 자제하라는 것이었는데, 이는 자칫 외부와 언론에 오해의 소지를 낳게 할 위험이 있기 때문이었다. 혹시 모를 여러 외부인들의 질문에 대해 어떤 식으로 대답하라는 답안지 답변도 제시되었다. 이에 대한 일화로, 한 연구자가 실수로 자신의 페이스북Facebook에 잠시 썼다가 지웠던 흔적이 구글 검색엔진의 캐시cache에 남아 검색 페이지 수십 페이지 뒤에서 검색되는 것까지 발견하여 삭제하기도 했다.

일부 전화회의에서는 논문의 제목을 어떻게 시작할지에 대한 열띤 논쟁도 이어졌다. "중력파의 직접 검출", "중력파의 증거", "중력파 검출의 최초 결과", "중력파의 관측" 등등의 표현을 정하는 것으로 수백 통의 이메일이 오고갔다. 이를 위해 그동안 입자물리학 분야에서 새로운 입자를 발견했을 때의 논문들의 표현을 담은 자료들도 수집되고 논의되었다. 결국 이 초안의 논문 제목은 "직접 검출의 증거Evidence of the Direct Detection"로 시작하는 것으로 귀결되었다. 모든 사소한 것 하나하나에 대해 열띤 논쟁과 토론이 있었다. 그것은 분석과 연구에 대한 것뿐 아니라 행정적인 절차를 결정하는 것까지 이전에는 해본 적이 없는 것들이었다.

거의 모든 체크리스트들이 준비되었고 분석이 마무리에 다다랐던

2011년 봄 즈음, 공교롭게도 아인슈타인의 생일이었던 3월 14일 캘리포니아 아카디아에서 열린 라이고-버고 연례총회에서 암맹주입위원회의 봉투공개가 있었다. 이 봉투가 빈 봉투로 개봉된다면 '빅 독'의 신호는 진짜 중력파 신호를 발견한 것이 되고, 주입된 파라미터 값이 공개된다면 '빅 독' 신호는 암맹 주입 신호인 것이었다. 모든 참석자들의 테이블에는 혹시라도 있을지 모를 '중력파 검출 성공'의 축하를 위해 한 잔의 샴페인이 채워졌고, 그 샴페인 잔을 놓고도 일부 연구자들은 여전히 현장에서 노트북 컴퓨터를 이용하여 데이터 분석에 열을 올리고 있었다. 그리고 현장 총회에 참석하지 못한 수백 명의 연구자들은 온라인 화상중계로 이 결과 발표에 귀추를 주목하고 있었다.*

마침내 연단에 오른 라이고 소장인 제이 막스의 발표 슬라이드가 공개되자 학회장 여기저기서 박수갈채와 함께 일부의 탄식이 터져 나왔다. 필자가 접속한 온라인에서도 여기저기 한탄의 채팅 메시지와 함께 속속들이 접속을 끊고 줄어드는 접속자들이 속출했다. '빅 독' 신호는 바로 '암맹 주입 신호'였던 것이었다. 그의 슬라이드에는 '암맹 주입' 시 사용했던 중력파 신호의 질량, 거리 등을 담은 파라미터 값이 적혀 있었다. 2010년 9월부터 약 6개월간의 연구자들의 불철주야 노력이 허탈해지는 순간이었다. 이 '암맹 주입'의 가능성도 알고 있었지만 그래도 혹시나 하는 많은 사람들의 기대가 있었던 것은 사실이었다.

---

* 필자도 이해 총회에 참석하지 못해 새벽 3시까지 온라인으로 접속하여 결과 발표를 기다리고 있었다.

실제 주입한 파라미터는 태양질량의 24.8배의 블랙홀과 태양질량의 1.7배의 중성자별 쌍성계가 약 9.7메가파섹에서 중력파를 방출하는 것으로 주입된 신호였다. 발표된 파라미터 값은 분석그룹에서 찾아낸 중력파의 후보들의 파라미터들과는 다른 것이었다. 우선 주입 정보는 블랙홀-중성자별 쌍성계의 신호였고, 위치 역시 큰개자리가 아니었다. 그러나 이 주입 신호와 분석결과의 차이에 대한 의문은 금방 풀렸다. '암맹주입위원회'에서 예전 버전의 소프트웨어를 주입에 사용함으로써 생긴 버그 때문이었다. 이전 버전의 파형 모델 대신 새로운 버전의 파형 모델을 사용함으로써 중성자별 신호가 블랙홀처럼 보이게 된 것이었다. 또 하나의 버그는 한 곳의 검출기에 주입된 신호가 부호가 반대로 입력이 되어 큰개자리로 지정되도록 보인 것이었다. 이 버그를 고려한다면 연구진이 찾아낸 모든 파라미터 값에 대한 분석과 소프트웨어들이 잘 작동하고 있다고 볼 수 있었다. 사람들의 위안은 이제 진짜 신호가 오기만 하면 훨씬 더 잘할 수 있다는 자신감을 얻은 것이었다. 아카디아 총회에서 결과 발표가 있은 후에도 연구자들은 그 파라미터 값들을 토대로 자신들의 분석에서의 문제점 등을 보완하기 위한 추가 회의들과 토론을 하느라 여념이 없었다. 그렇게 6개월간의 짜릿하고 흥분에 들떠 있었던 중력파의 열병이 아카디아의 샴페인 한 잔과 함께 저물어가고 있었다.

Chapter 06 | 자, 이제 **준비가 되었다**

'빅 독' 이후 현장에서 분석을 하던 연구진들은 일종의 폭풍 뒤의 고요함을 맛보고 있었다. 6개월간 거쳐간 중력파의 심한 열병을 앓고 난 뒤의 후유증이었는지 이메일과 전화회의의 횟수가 눈에 띄게 줄어들었다. 이 '빅 독' 사건으로 라이고-버고의 과학협력단은 한 단계 성장할 수 있는 경험과 교훈을 얻었다. 연구진이 다소 소강상태를 보인 것은 이미 수개월 전에 라이고 가동이 종료되었던 이유도 있었다. 이제 라이고-버고 총회는 조금 더 편안하게 어드밴스드 라이고-버고의 가동 시 발견될 최초의 중력파 검출을 위한 분석기법과 절차를 보완하고 강화하는 데 주력을 다할 것이었다.

실제로 이후의 라이고-버고 총회 주요 안건들은 새로 가입하는 회원, 어드밴스드 라이고 시기에 맞춰 이어질 미국과학재단의 패널 심사, 다섯 번째 과학가동의 데이터 공개, 그리고 새롭게 진행되는 라이고 인도의 추진일정과 일본의 카그라 협력단과의 공식 협력체결 등이 주요 안건이었다. 좀 더 빠르고 정확한 분석을 위한 새로운 기법들이 도입되고 심사를 거쳤다. 온라인 분석의 정확도와 속도도 높이면서 오프라인 분석 체계도 가져가는 이원화 과정을 공식적으로 도입하는 중이었고, 더 정확한 파라미터를 찾기 위해 계산의 속도를 높이고, 정밀한 파형의 모델을 도입하는 연구가 지속되었다. 속속들이 각종 중력파원이 어드밴스드 라이고에서 발견될 기대확률이 계산되어 보고되었다.

어드밴스드 라이고가 가동될 시에 관측이 될 주요 중력파원은 약 10헤르츠에서 1,000헤르츠 사이에서 발생되는 중성자별 쌍성계, 블랙홀 쌍성계, 중성자별-블랙홀 쌍성계, 핵붕괴 초신성이 포함된다. 2015년 3개월간 가동 시 중성자별 쌍성계에서 발생하는 중력파를 관측 가능한 어드밴스드 라이고의 관측 거리는 약 1억 3,000만 광년에서 2억 6,000만 광년 정도이고 그때 관측 가능한 중성자별의 검출 수는 대략 1만 년에 4개에서 운이 좋으면 1년에 3개 정도이다. 어드밴스드 버고가 함께 가동되는 2016~2017년은 대략 6개월간 어드밴스드 라이고는 약 4억 광년까지 관측범위가 늘어나며 이때 어드밴스드 버고는 6,000만 광년에서 1억 8,000만 광년 정도의 관측범위를 가질 것으로 예상된다. 대략 1,000년에 6개에서 1년에 20개 정도로 관측 가능한 중성자별 쌍성계의 수가 증가한다.

2019년 이후에는 연중 상시 가동될 때 어드밴스드 라이고는 목표한 관측 한계인 6억 5,000만 광년까지 관측이 가능하다. 어드밴스드 버고 역시 4억 광년까지 관측범위가 증가하며 이때 중성자별 쌍성계에서 오

는 중력파는 약 10년에 2개에서 1년에 200개까지 증가한다. 라이고 인도
가 추가 가동되어 5대의 중력파 네트워크가 완성되는 2022년 이후에는
그 검출 가능 횟수가 10년에 4개에서 많게는 1년에 400개의 중성자별
쌍성계로부터 방출되는 중력파원을 검출할 수 있을 것으로 예상된다. 따
라서 이 이후의 중력파의 발견은 이미 최초 검출을 넘어서 중력파를 이
용한 천문학과 천체물리학적 연구가 활발하게 이루어질 것이다.

어드밴스드 라이고는 2014년 10월에 부품의 제작과 조립, 업그레이
드가 완료되었다. 이 업그레이드는 주로 미국과학재단의 2억 500만 달
러의 비용과 영국과 독일 각각 1,200만 달러, 그리고 호주 200만 달러 상
당의 현물 기여가 포함되었다. 어드밴스드 라이고에는 이전 초기 라이고
건설 시 존재하지 않았던 다양한 기술적 진보를 이룬 결과물들이 적용되
었다. 특히 훨씬 더 좋은 '진동 잡음 감쇠장치'와 200와트급의 고출력 레
이저 등이 채택되어 초기 라이고에 비해서 약 10배가량의 향상된 검출
성능을 보여줄 것으로 기대되고 있다. 이 성능은 공간상 검출 영역이 초
기 라이고에 비해 약 1,000배가량 향상되는 것으로, 초기 라이고가 3년
간 관측하는 영역을 단 하루에 관측할 수 있는 성능이다.[4]

라이고의 본격 과학가동 이전에 수차례 수행되는 엔지니어링 가동
Engineering Run은 라이고 초기부터 수행한 소프트웨어의 개선 및 개발 등을
시험하고 확정하는 일련의 분석 시험 가동이다. 어드밴스드 라이고 이
전 2012년 1월에 시작된 첫 번째 엔지니어링 가동 이후 총 여덟 차례의
엔지니어링 가동을 거쳐 2015년 9월 18일 드디어 어드밴스드 라이고의
제1 관측가동Observing Run 1이 개시되었다. 지금까지 모든 준비가 순조롭게

진행되었고 일반상대성이론 탄생 100주년을 맞는 기념비적인 해에 아인슈타인의 마지막 선물의 포장지를 뜯게 될 역사의 첫발을 내딛게 되는 순간이 다가온 것이다.

제5장

아인슈타인의 마지막 선물

Chapter 01 | 매우 흥미로운 이벤트

어드밴스드 라이고의 가동이 예정되어 있던 2015년 9월 14일 월요일, 필자는 밤새 여덟 번째 엔지니어링 가동 동안 필자의 메일함에 도착한 라이고-버고 회람 이메일을 확인하고 있었다. 어드밴스드 라이고의 공식 가동과 관련한 소식을 접하며 검출기의 가동 상태를 체크하는 등 여느 날의 일상과 다름없는 하루였다. 마침 이날은 필자의 생일이었고 다섯 살 난 딸아이의 일찍 들어오라는 아침 인사가 생각나 하루 일과를 마치고 귀가하던 중 한 통의 메일을 확인했다. 그때가 오후 8시가 조금 넘은 시각이었다.

그레이스 데이터베이스GraCEDB, Gravitational-wave Candidate Event Database*에

---

* 온라인 분석 소프트웨어에 의해서 중력파 신호로 의심되는 이벤트 후보들이 모여지는 데이터베이스로, 이곳에 모여진 이벤트들은 추가 분석을 마친 뒤에 각 지역의 천문대로 보내져 후속관측 여부가 결정된다.

전송된 하나의 버스트 분석신호를 분석했던 연구자가 라이고-버고 협력단의 모든 연구자들에게 보낸 이메일이었다. 제목은 '매우 흥미로운 이벤트Very interesting event'였고, 초기 분석결과에 의하면 처프 질량이 태양질량의 27배인 블랙홀 쌍성으로부터 발생한 신호임이 의심된다는 내용이었다. 이내 이 메일에 대한 다른 방향에서의 분석을 통한 답변들이 오고 가며, 첫 메일 수신 이후 3일 만에 약 100여 통이 넘는 회신들이 이어졌다.

최초 이 신호를 발견한 분석 파이프라인은 코헤런트 웨이브 버스트cWB, coherent Wave Burst라 불리는, 거의 실시간으로 중력파 폭발체를 검출하기 위한 온라인 파이프라인이었다. 핸퍼드와 리빙스턴의 검출기 모두에서 이 신호가 발견되었고, 그 시간은 공식적으로 협정세계시간UTC, Coordinated Universal Time*으로 2015년 9월 14일 오전 9시 51분이었다. 신호 대 잡음비는 핸퍼드가 약 20, 리빙스턴이 약 14 정도였다. 그리고 빠르게 계산된 오경보 비율은 약 10^{-8} 정도로, 잡음 신호의 상호작용으로 인해 진짜 신호로 오인될 가짜 신호가 대략 3년에 하나 정도 발견된다는 수치였다. 이는 비교적 높은 오경보 비율이지만 오프라인 추가 분석을 심도 있게 해볼 수 있는 수치였다. 게다가 이 신호에 해당하는 스펙트로그램spectrogram은 누가 보더라도 명백하게 쌍성계가 방출하는 중력파의 처프 신호를 나타내는 모양이었다. 약 5일 뒤 라이고 과학협력단의 대변인인 가브리엘라 곤잘레즈 교수의 공식 이메일에서 이 발견에 대한 구체적인 언급이 있었고, 이 신호의 공식 명칭은 GW150914라고 이름 붙여졌다.

---

* 이 시간은 한국시간과 9시간의 시차를 가진다. 흔히 그리니치평균시GMT와 혼용되어 쓰인다.

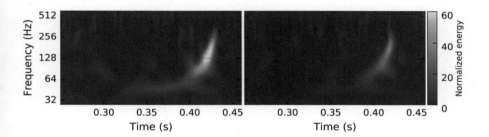

그림26 GW150914의 핸퍼드(왼쪽)와 리빙스턴(오른쪽) 검출기에 나타난 처프 신호. [그림제공: 라이고 과학협력단]

이 모든 분석은 온라인 분석 파이프라인을 통해 빠르게 계산되어 보고된 결과로 이제 오프라인 분석을 통한 수많은 절차와 검증 단계가 기다리고 있었다. 버스트 분석 파이프라인에서 발견된 이 신호는 블랙홀 쌍성계에서 발생한 중력파로 추정되었지만, 쌍성계에 특화된 신호 검출용 온라인 파이프라인에서는 발견되지 못했다. 그 이유는 어드밴스드 라이고에서는 중력파 검출을 위한 세 종류의 온라인 파이프라인을 가동하고 있었는데, 이 모두는 태양질량의 5.5배 이하의 처프 질량을 가지는 중력파원만을 찾도록 탐색 범위를 설정해두고 있었기 때문이었다. 즉, 온라인 탐색의 목표가 중성자별 쌍성계에서 오는 중력파를 찾도록 설정한 것이었고, 중성자별 쌍성계에서 방출된 중력파원만이 온라인 파이프라인의 분석을 통한 전자기파 후속관측으로 이어지는 목적에 부합하기 때문이었다. 다시 말해, 블랙홀 쌍성계에서 나오는 중력파원은 중력파 외에는 어떠한 다른 신호를 낼 가능성이 없기 때문에 굳이 전자기파 후속관측을 할 이유가 없었다.

어드밴스드 라이고의 재가동을 준비하던 모든 연구진들은 전혀 예상하지 못했던 이 사건에 당혹감과 함께 흥분을 감추지 못했다. 공식적으로 9월 14일에 가동될 예정이었던 관측 개시 일정이 9월 18일로 미뤄진다는 공지만을 받고 있었다. 공식가동이 시작되기 전에 기술적으로 완료되어야 할 몇 가지 절차가 끝나지 않아서 부득이 관측을 연기한다는 것이었다. 어드밴스드 라이고의 원래 계획은 9월 14일을 기점으로 여덟 번째 엔지니어링 가동에서 공식 관측모드로 자연스럽게 넘어가는 것이었다. 단지 하드웨어의 작은 조율과 필터 업데이트만을 최소로 하고 바로 이어질 계획이었다.

9월 14일의 이 이벤트가 진짜 중력파 신호인지를 확인하기 위해, 이날 엔지니어링 가동에서 암맹 주입이 있었는가에 초미의 관심이 모아졌다. 암맹 주입 절차는 원래 엔지니어링 가동 기간에서도 계획되어 있었다. 하지만 공식가동이 미뤄진 이유가 이 암맹 주입에 대한 절차와 준비가 아직 준비되지 못했기 때문이었다. 이 발견에 대한 보고가 있었던 당일과 그다음 날에 있었던 전화회의에서 라이고 과학협력단의 대변인인 가브리엘라 곤잘레즈 교수는 해당 일자 시간대에 암맹 주입을 포함한 모든 하드웨어 신호주입이 없었다고 확인했다.

이러한 신속한 확인 절차 역시 그동안 없었던 이례적인 것이었다. 정상적이라면 2010년 빅 독 이벤트의 경우처럼 암맹주입위원회와 봉투 개봉을 거쳐 최종 암맹 주입 개봉 절차가 있어야 했다. 그러나 이 경우는 공식가동을 앞두고 있었던 상황에서 갑작스럽게 발생한 이벤트였기에 기존 절차와는 다른 프로토콜이 요구되었다. 그리고 최대한 심도 있는 오프라인 분석을 위해서는 현재 검출기의 설정을 그대로 유지할 필요가 있었고 모든 분석의 과정이 전면 재검토되어야 했다. 하지만 그러기에는 9월 18일로 미뤄진 공식 관측가동일까지 너무도 빠듯한 일정이었다.

중력파 신호의 최초 보고 이후 3일 뒤인 9월 17일에 버스트 연구그룹의 책임자가 비로소 제1단계 검출모드를 선언했다. 관측을 통해 중력파 신호의 후보를 발견했다는 공식적인 언급을 한 것이었다. 이 선언은 검출절차detection procedure의 가장 첫 단계에 이루어지는 과정으로 이후 모든 과정은 라이고 위원회에서 정한 검출 절차에 의해 계획에 따라 진행된다. 이 검출 절차에는 최초 발견에서부터 연구단이 진행해야 할 단계별 체크리스트와 검출위원회Detection Committee의 역할, 그리고 발견 사실을 확정하고 논문을 작성하며, 공식적인 발표를 어떻게 진행할지에 대한 계획이 담겨 있다. 모두 4단계의 절차로서, 이 모든 절차가 완료되면 비로소 중력파 검출이 확정되고, 해당 발견에 대한 논문이 작성되어 투고되며, 공식적인 언론발표까지 이어진다.

 라이고 과학협력단의 대변인은 이 이벤트에 대한 공식 언급과 함께

그림27 9월 25일자 로렌스 크라우스 교수의 트위터에서 언급된 중력파 검출에 대한 루머.

모든 회원에게 보안유지를 당부하는 공지메일을 발송했다. 아직 확정되지 않은 발견에 대해 불필요한 루머와 오해가 생산되지 않도록 각별히 협력단 외부에 이 발견과 관련된 언급에 대해 각별히 주의해달라는 내용이었다. 그러나 이 발견이 있고 2주가 채 지나지 않아서 우려했던 문제가 발생했다. 애리조나 주립대학교의 이론물리학자 로렌스 크라우스 교수가 9월 25일자 자신의 트위터에 라이고가 중력파를 검출했을지 모른다는 루머에 대해 언급한 것이었다. 라이고 과학협력단 내부에서는 이 트위터 내용에 대한 어떠한 언급도 하지 말 것을 당부하는 메일이 오고 갔고, 결국 트위터의 내용은 수많은 가능성 중 하나일 것이라는 많은 사람들의 리트윗과 함께 잠잠해졌다. 그리고 이 트윗에 이어서《네이처》에 이 루머를 소개하는 기사가 실렸다. 어드밴스드 라이고의 가동 소식을 전하며 이 소문에 대한 소개를 하고, 암맹 주입일지 모른다는 결론과 함께 시간을 두고 기다려봐야 한다는 취지의 기사였다. 이는 지난 2010년 가동 시 빅 독 이벤트가 있었던 이후, 암맹 주입 절차가 라이고 과학협력단 내외에서 주요한 검증 절차임이 명확하게 알려져 있기 때문이었다.

모든 분석그룹에서는 각각 검출 절차에 따른 체크리스트를 작성했고, 그 하나하나를 수행하는 데 여념이 없었다. 빅 독 이벤트에서의 경험 이후 달라진 점은, 사람들이 보다 성숙해지고 이전보다는 덜 흥분한 상태로 많은 가능성에 대해 비판적인 입장을 견지하고 있다는 점이었다. 이때까지도 일부 사람들은 중력파의 발견 사실을 그대로 믿기보다는 어떤 하드웨어적인 주입이나, 잡음원으로 인한 영향 또는 해킹에 의한 악의적인 신호의 주입 쪽으로 의심하기도 했다. 이와 별도로 검출위원회에서는 9월 18일에 예정대로 제1 관측가동을 개시한다고 발표했다.

시간이 지남에 따라 차례로 오프라인 분석결과들이 공유되고 있었다. 오프라인 분석에서는 실제 어떠한 천체로부터 온 중력파인지를 밝혀내는 것, 해당 일자 데이터의 품질테스트, 기기상의 잡음들에 대한 연구들이 이어졌다. 분석결과에 의하면, 이 신호의 중력파원으로 추정되는 천체는 총질량이 태양질량의 약 63배가 되는 거의 비슷한 블랙홀 2개가 충돌하여 합쳐지는 과정에서 방출된 중력파의 신호였다. 이 신호는 단지 2대의 라이고 검출기에서만 검출되었고, 버고 검출기는 2016년 상반기 가동을 목표로 업그레이드를 진행하고 있는 중이었다. 중력파원의 위치를 정확하게 찾기 위해서는 최소한 3대의 검출기가 필요했기 때문에, 2대의 검출기 데이터로부터 파원의 정확한 위치를 찾는 데 어려움이 있었다.

쌍성계 탐색 파이프라인의 오프라인 분석의 결과로 얻어진 오경보 비율은 대략 20만 년에 1개꼴로 주어지는 값으로, 5.1시그마*를 조금 상회하는 신뢰도였다. 그리고 중력파의 파원에 대한 정보들도 계산되어 공유되었는데, 약 440메가파섹(약 14억 광년) 밖에 떨어져 있는 각각 태양질량의 약 36배와 30배 질량의 블랙홀 2개가 충돌하여 병합하는 과정에서 방출된 신호였다. 최종적으로 합쳐져서 하나가 된 블랙홀의 질량은 태양질량의 약 63배인 것으로 추정되었다.

---

* 4시그마는 99.993666퍼센트의 신뢰도를 의미한다. LHC실험에서 발견된 힉스입자는 대략 5.9 시그마 정도로, 신뢰도는 99.999999636퍼센트였다.

Chapter 03 | 과연 진짜 **중력파인가?**

최초 발견이 있고 약 한 달쯤 뒤인 10월 16일 라이고 과학협력단의 대변인인 가브리엘라 곤잘레즈 교수는 모든 연구단 회원에게 이메일을 보냈다. 검출 절차 2단계를 시작한다는 공지였다. 검출 2단계에서 중요한 절차 중 하나는 라이고-버고 협력단 전체 차원의 회의를 개최한다는 것이었고 10월 23일 전화회의가 개최되었다. 이날 경주에서 한국물리학회에 참석하고 있던 필자는 동행했던 한국중력파연구단 회원들과 함께 호텔 방에 모여서 야간 전화회의에 참석했다. 전화회의에는 약 350여 명이 참여할 정도로 연구자들이 지대한 관심을 보였다. 9월 14일에 발견된 중력파로 추정되는 신호는 어떠한 주입에 의한 것도 아니며 기기적인 잡음의 효과에 의한 것도 아님이 이날 전화회의에서 다시 한 번 확인되었다.

이 회의의 주요 안건은 1단계에서 수행되었던 프로젝트들과 체크리스트들의 완료 상황을 보고하고 이를 통해 2단계의 선언을 공식적으로 언급하면서 2단계에서 있을 여러 가지 절차들을 논의하는 것이었다. 그리고 무엇보다 중요한 것은 2단계에서 이제 비로소 검출 성공을 알리는 논문 작업을 시작하는 것이었는데, 검출 성공에 대한 논문을 어떤 형식으로 작성할 것인지가 주요 의제였다. 특히 강조된 점은 중력파가 100년 만에 최초로 직접 검출되었다는 사실과 함께, 중력파에 의해서 관측된 블랙홀이 존재한다는 증거와 2개의 블랙홀 쌍성이 서로 충돌하여 합쳐지는 과정을 관측한 매우 중요한 천체물리학적인 발견이라는 것이었다.

논문의 작성과 관련해서 연구자들의 의견은 크게 두 가지로 갈라졌다. 이 중요한 발견에 따르는 천체물리학적 해석을 한 편의 논문으로 자세하게 기술하자는 편과, 2개의 논문을 동시에 작성하여 하나는 발견에 관한 것을 싣고 다른 하나는 천체물리학적인 해석에 대한 것을 싣자는 의견이었다. 어느 의견이나 그 나름대로의 논리와 설득력이 있었고, 실제 투표에서도 우열을 가릴 수 없는 결과가 나왔다. 그래서 이 사안은 이틀 뒤 운영위원회에서 결정하기로 결론을 내렸다.

이틀 뒤 열린 운영위원회에서 우선 하나의 논문으로 만들고, 필요하다고 생각되면 이를 나누든지 새로운 두 번째를 작성하는 것으로 결론 내렸다. 이와 별도로 '검출 성공'의 발표 이후에 이 사건에 대한 다양한 시각과 분석을 자세하게 담은 동반 논문의 작성 계획 역시 수립되었다. 모두 관련된 소그룹별로 하여 12편의 논문이 계획되었다. 그리고 각 소그룹별로 논문 작성을 책임질 책임자들이 선정되었다. 이 단계에서 오고 가는 이메일들은 거의 대부분이 논문의 기획, 내용, 분석결과의 선택 등에 대해 논의하는 내용이었다.

전체 전화회의 이후 일주일 뒤에, 현재까지의 결과를 라이고-버고 협력단에게 공유할 전체 회원들을 대상으로 한 온라인 세미나가 개최되었다. 그중 특히 관심을 끌었던 것은 '9월 14일의 이 신호가 왜 하드웨어 주입신호가 아닌가?'라는 제목의 세미나였다. 라이고 검출기의 데이터 저장 시스템을 포함한 모든 사항에 대해 정통한 MIT의 매트 에반스 교수의 발표에 의하면, 검출기 주변의 보안사항과 각 채널을 모니터링하는 센서들, 그리고 각 단계에서 악의적인 해커가 가짜 신호를 주입할 수 있는 모든 가능성을 체크해봐도 이날 데이터에서는 어떠한 징후도 발견되지 않았다고 했다.

특히 계획된 절차에 의한 것이든 인위적이거나 악의적인 주입이든 간에 해당 주입이 어떤 단계에서라도 있게 되면 다양한 모니터링 채널에서 이를 확인할 수 있다. 만약 누군가가 어떤 악의적인 목적으로 가짜 신호를 주입하고자 한다면, 핸퍼드와 리빙스턴이라는 지리적으로 상당히 떨어진 위치에서 정확한 시간차를 계산해서 사전에 매우 정밀하게 계산된 파형을 주입해야 하기 때문에 이는 매우 어려운 일이다. 게다가 이런 형태로 신호를 주입하기 위해서는 검출기 시설 내부의 출입 권한을 가지고 있어야 하고, 단계별 출입에 대한 통제 절차를 통과해야 한다. 그렇기에 그런 권한을 가지고 있는 다수의 내부 공모자들에 의하지 않고서는 불가능한 것이었다. 다시 말하면, 이러한 신호를 인위적이고 악의적으로 조작하기 위해서는 검출기와 검출기 주변의 데이터 서버 시스템에 대해 정통하고, 동시에 고수준의 천체물리학적 지식과 컴퓨터 및 해킹 지식을 가진 수십 명의 내부 공모자가 약 3,000킬로미터나 떨어진 리빙스턴과 핸퍼드의 검출기에서 동시에 작업을 해야 가능한 것이었다.

따라서 여러 정황 증거들에 의한 상식적 판단으로 이 신호는 가짜 주입신호*가 아니라는 결론이었다. 이날 세미나를 통해서 라이고-버고 협력단 내부에서도 한동안 논란이 되었던 '해커에 의한 악의적인 신호주입 가능성'이 완전하고 말끔하게 해소가 되었다. 그리고 온라인 세미나를 통해서 연구진들은 더욱더 이번 발견에 고무된 느낌이었다.

2015년 11월 2일 제1 관측모드의 10월 둘째 주 데이터를 분석하는 오프라인 파이프라인 분석결과에서 또 하나의 흥미로운 이벤트가 발견되었다. 이 이벤트는 10월 12일 오전 9시 54분(UTC)에 발견된 중력파로 의심되는 신호였는데, 그 신호 대 잡음비가 그리 높지 않은 편이어서 그동안의 온라인 파이프라인에서는 검출되지 못한 것이었다. 실제 이 오프라인 파이프라인에서 검출된 두 검출기의 혼합 신호 대 잡음비는 약 9.7 내외였다. 이전 9월 14일 이벤트인 24에 비하면 한참 낮은 수치였다. 그리고 이 중력파의 파원은 약 39억 광년 가량 떨어진 곳에서 태양질량의 23배와 13배 정도의 블랙홀의 충돌로 인해 야기된 것으로 추정되었다.

이 신호의 오경보 비율 역시 약 120일에 한 번꼴로 주어지는 정도**여서 검출과 관련된 확실한 증거로 삼기에 미흡한 수준이었다. 여전히 추가 분석이 필요했고, 이 이벤트와 관련된 대변인의 공식적인 언급도

---

* 해커에 의한 악의적인 신호의 주입 등 비정상적인 절차에 의한 것을 '로그주입rogue injection'이라 한다.

** 약 2.1시그마 정도의 신뢰도이다.

없었다. 더구나 이날 핸퍼드 검출기의 보조채널들에서는 기기나 주변 환경요인들에 의한 아주 많은 잡음들이 포착되었기 때문에 전반적인 데이터의 품질이 좋지 못했다. 기적적으로 이 신호가 검출된 시각인 9시 54분경과 이 신호가 포착된 주파수 대역인 64~128헤르츠 대역을 피해서 잡음들이 산재했다. 이러한 이유로 어떤 이들은 이 신호는 잡음에 의한 효과일 것이라고 주장하기도 했다. 그러나 그러한 잡음들이 분포하는 추세선을 예측한 그래프에서 이 신호는 여전히 많이 벗어나 있었다. 미약하지만 중력파 신호라 여길 수 있는 수치였다. 아쉬운 것은 검출기 2대로만 포착했다는 것, 너무 먼 거리와 비교적 작은 질량 때문에 신호 대 잡음비가 낮다는 것이었다.

그럼에도 이 신호는 매우 흥미를 끌었다. 오경보 비율이 이전의 다섯 번째와 여섯 번째 과학가동 중의 어떤 이벤트들보다도 작았고, 핸퍼드와 리빙스턴의 검출기 사이에서 관측된 실제 신호의 징후와도 일치했기 때문이었다. 따라서 공식적인 중력파 검출 절차를 밟지는 못했지만 그 가능성은 남겨둔 채 일단 첫 이벤트에 집중되었다. 다만 이 신호는 이로 인해 향후 관측을 통해 라이고가 발견하게 될 중력파원의 검출비율 계산에 영향을 주기 때문에 중요하게 다루어졌다. 추후 이 이벤트의 공식 명칭은 LVT151012로 명명되었다.*

원래 어드밴스드 라이고의 첫 번째 관측가동 전에 예측했던 검출비율은 중성자별 쌍성계에서는 약 3개월간 가동 시 1년에 0.004~3개, 거리

---

* LIGO-Virgo Trigger라는 의미이다.

로 환산하면 최대 80메가파섹(약 2억 6,000만 광년)이었다. 블랙홀 쌍성계 중력파의 경우는 이보다는 높은 비율을 가지며, 거리는 약 500메가파섹(약 16억 광년)까지 관측이 가능할 것으로 예상되었다. 그러나 우연치고는 너무 기적과 같이 공식가동이 예정된 날 아침에, 그것도 놀랍도록 깨끗하고 명확한 강도를 가진 중력파 신호가 검출되었다. 그리고 바로 한 달가량 뒤에 첫 신호보다는 약하지만 중력파임을 알아볼 수 있을 정도의 새로운 이벤트가 또 하나 발견된 것이었다.

공교롭게 첫 신호는 9월 14일 월요일에, 두 번째 신호 역시 10월 12일 월요일에 발견된 이유로 각각 '첫 번째 월요일 이벤트the 1st Monday event', '두 번째 월요일 이벤트the 2nd Monday event'라 불렸다. 한 라이고 연구자는 "중력파는 항상 월요일에만 발생한다"라는 농담 섞인 예측을 내놓기도 했다. 추가로 이어지는 오프라인 분석과 수차례의 전화회의를 통해서 이 '두 번째 월요일 이벤트' 역시 중력파 신호로 귀결되었지만 높은 오경보 확률로 인하여 중요하게 다루어지지 않았다. 그러나 GW150914의 발견과 관련된 논문을 작성하면서 이 두 번째 이벤트를 언급하기로 결정했다.

한국시간으로 2015년 12월 17일 새벽 1시, 중력파 발견 논문과 그 동반 논문들에 대한 논의를 하는 라이고-버고 협력단 전체의 전화회의가 다시 한 번 개최되었다. 그동안 이메일을 통해 논의했던 내용의 논문 작성과 관련된 분석결과가 정리되어 보고되었다. 그리고 소그룹별로 동시에 진행되고 있는 이 발견을 더욱 자세하게 기술하는 동반 논문의 작성 결과들에 대해 논의했다. GW150914의 중력파 신호에 대해 보고된

각 검출 파이프라인별 물리적 특성과 파라미터 값들을 〈표6〉에 정리
했다.

표6 GW150914에 대한 검출 파이프라인별 파라미터. 비모델 기반 탐색은 폭발체의 탐색을 위한
파이프라인이므로 개별 질량에 대한 값을 산출하지는 않는다. 반면 모델 기반 탐색은 쌍성계의 파
형을 정합필터로 사용하기에 처음부터 개별 질량에 대한 추정이 가능하다.

검출 파이프라인	혼합 신호 대 잡음비	주파수 (Hz)	질량($M_\odot$)				자전	광도거리 (Mpc)	오경보 비율	신뢰도 (sigma)
			처프	총질량	m_1	m_2				
온라인 비모델 기반 탐색	24	30~250	31	72	–	–	0.8/ 0.8	440	1/2만 2,500년	4.6
오프라인 모델 기반 탐색			37	85	48	37	0.96/ -0.9		1/20만 년	5.1

GW150914의 중력파 신호를 찾아내는 데 기여한 중력파 검출 파이
프라인은 크게 모델 기반과 비모델 기반의 탐색 방법으로 나뉜다. 비모
델 기반 탐색은 기본적으로 가장 간단한 파형만을 가정하여 수 분 내에
폭발체 신호를 찾아내는 데 최적화된 파이프라인이다. 이 파이프라인은
세 종류의 특화된 각기 다른 알고리즘을 가지는 파이프라인들로 구성되
어 있다. 앞에서 이미 언급했듯이 이 중 가장 먼저 중력파 신호를 찾아낸
것이 코헤런트 웨이브 버스트로서 데이터를 받은 지 3분 이내에 신호를
포착하도록 설계되어 있다.

이 외에 다른 알고리즘을 사용하는 중력파 폭발체를 검출하기 위한
두 종류의 파이프라인이 있다. 그리고 이 세 가지 파이프라인은 온라인
에서뿐만 아니라 오프라인에서도 동작해서 수 주짜리 데이터 세트를 계
획에 따라 좀 더 자세히 탐색하며 중력파 신호를 찾는다. 비모델 기반 탐

색은 모두 쌍성계에 특화된 파형을 사용하지 않기 때문에 각각의 개별 질량의 추정값을 찾아내지는 못하고 처프 질량과 총질량, 자전효과에 대한 정보만을 제공해주며, 개별 알고리즘에 특화된 배경잡음 산출법으로 오경보 비율을 계산하도록 설계되어 있다.

모델 기반 탐색은 쌍성계의 중력파 파형을 이용하여 정합필터를 사용하는 방식으로서 크게 온라인과 오프라인 파이프라인으로 구분된다. 온라인 파이프라인은 세 가지 종류의 다른 필터 방식을 사용하는 파이프라인이 있다. 이 온라인 파이프라인은 10분 이내에 쌍성계에서 방출되는 중력파 신호를 검출하고, 그 정보를 광학천문대 등에 전송하여 중력파에 동반되는 전자기파를 후속관측 하는 목적이 있기 때문에 특히 중성자별을 포함한 쌍성계를 찾도록 설계되어 있다. 따라서 탐색하는 질량의 임계값을 태양질량의 5.5배 이하로만 찾도록 설정해두고 있다. 이런 이유로 GW150914 중력파 신호는 온라인 모델 기반 탐색에서는 찾을 수 없었다.

오프라인 파이프라인은 정합필터를 사용하는 상호 보완적인 두 가지 방식의 파이프라인이 있으며, 이들은 대략 2주간의 데이터를 모아서 정밀한 탐색을 하게 된다. 이 각기 다른 탐색 파이프라인들은 GW150914의 중력파 신호에 대해서 일치하는 발생 시간과, 신호 대 잡음비, 그리고 명백한 모양의 처프 신호의 증거들을 보여주었다. 오경보 비율에 대해서는 모델에 따라서 차이가 있고, 질량과 같은 파원의 물리량에 대해서 큰 오차를 보여준다. 이는 검출의 신속성을 위하여 파형 템플릿을 세밀하게 조율하지 않았기 때문이다.

이 파원의 물리량을 정확하게 예측하기 위해서 정밀하고 세밀하게 조정된 파형 템플릿을 이용한 파라미터 추정 파이프라인을 이용하여 계산한다. 이들은 대략 총질량이 태양질량의 4배 이하인 중성자별을 포함한 쌍성계와 이보다 큰 총질량을 가지는 블랙홀 쌍성계에 따라 다른 파형 모델을 사용한다. 그 이유는 중성자별 쌍성계는 중력파의 파형 중 회전 단계가 길고 더 중요하지만, 블랙홀은 회전 단계보다는 병합-안정화 단계가 더 중요하기 때문이다. 이러한 계산은 매우 큰 규모의 계산 자원을 필요로 하기 때문에 보통 수 주에서 수개월의 계산 시간을 요구한다. 〈표7〉에서 요약된 GW150914의 중력파원 파라미터는 블랙홀 쌍성계가 방출하는 각기 다른 두 종류의 중력파 파형 모델에 의한 것이다.

표7 파라미터 추정 파이프라인에서 찾아낸 GW150914 중력파 파원의 물리적 파라미터들. 약 13억 광년 떨어진 곳에서 태양질량의 36배와 29배가 되는 블랙홀 2개가 충돌하여 최종 태양질량의 62배의 블랙홀이 만들어지는 과정에서 방출된 중력파이다.

검출 파이프라인	질량($M_\odot$)					자전			광도거리 (Mpc)	적색편이 z
	처프	총질량	m_1	m_2	최종	z_1	z_2	최종		
파라미터 추정	28	65	36	29	62	0.31	0.44	0.67	410	0.09

Chapter 04 | 100주년 이벤트와 **제1 관측가동**

연구진들은 9월 14일의 발견에 대한 논문들을 작성하는 데 박차를 가하고 있었다. 그동안의 바쁜 일정 속에 논문 작업들이 마무리되었고 다음 단계로서 논문의 투고 과정이 기다리고 있었다. 그리고 논문의 정식 출간과 함께 개최될 언론발표나 그 이후 언론의 주목을 받게 될 라이고 협력단의 연구자들을 위한 미디어 교육 세미나도 온라인으로 개최되었다. 언론, 인터뷰 등에서 어떻게 과학적 사실에 대한 입장을 정확하고 오해가 없도록 전달할 수 있는가에 대한 광범위한 방법론을 교육하는 자리였다.

연구자들은 매일 논문의 교정과 조언을 위한 100여 통 이상의 이메일들을 주고받았다. 이 서신 교환에서는 완성되어가는 논문의 초고에 대해 라이고 프로젝트의 제창자였던 라이너 와이스와 킵 손 교수가 손수 보낸 조언들이 눈에 띄었다. 이메일의 행간에서는 평생을 바쳐 이룩한 라이고 프로젝트의 결실이 맺어지는 이 발견에 대해 무척 고무되고 흥분하고 있음을 읽을 수 있었고, 부단히 노력하고 있는 라이고 과학협력단 연구진들을 격려하는 메시지도 잊지 않았다.

논문의 제목을 정하는 일조차도 중요한 논의의 대상이었다. 제목에서 '최초 발견first discovery'과 '직접 검출direct detection'이라는 문구를 사용하는 것이 적절한가도 매우 진지한 토론 주제였다. 특히 이 토론에서 상당수의 연구자들이 논문 초고의 제목에 명기된 '직접 검출'이라는 용어가 부적절하다고 생각했다. 과학논문은 객관적이고 사실에 입각해야 하기 때문에, 많은 사람들이 '직접'이나 '최초'처럼 이 발견을 평가하고 의미를 부여하는 주관적인 용어는 과학논문에 맞지 않는다고 생각했다.

물론 더러 그러한 제목을 가진 중요한 발견이나 관측을 담은 논문들도 있었지만, 한 연구자는 헐스-테일러 펄서로부터 발견한 에너지 감소에 따른 중력파 존재의 확인 역시 중력파의 '직접'적인 발견으로 간주될 수 있다는 의견도 피력했다.[1] 이는 물리적인 발견을 바라보는 관점의 차이로, 에너지의 감소를 관측하고 확인했는가 아니면 이번처럼 중력파에 의한 시공간의 변화로부터 중력파형 신호를 직접적으로 확인했는가에 대한 차이였다. 둘의 차이가 있다면 1974년의 발견은 중성자별 쌍성계가 방출하는 중력파였고 이를 직접 확인한 것은 아니었다. 그리고 헐스-테일러 펄서는 두 중성자별이 병합하는 데 수억 년이 걸리는 중력파원이었다. 아마도 수억 년 뒤에 충돌이 임박한 시기가 된다면 라이고가 관측할 수 있는 주파수 대역으로 들어오게 될 것이다. 반면 이번 발견은 블랙홀 쌍성에서 온 중력파로, 두 블랙홀이 충돌하여 하나의 블랙홀로 합쳐지는 과정에서 방출된 것이었다.

라이고 과학협력단의 대변인인 가브리엘라 곤잘레즈 교수는 '직접', '최초'와 같은 이 발견의 가치를 매기고 의미를 부여하는 것은 논문이 아니더라도 앞으로 하게 될 많은 인터뷰, 기고문, 언론 매체 등을 통해서 충분히 음미하고 누릴 수 있는 기회가 있기 때문에 이 논문은 간결하게 사실만으로 기술하는 것이 좋겠다는 의견을 내놓았다. 그리고 많은 사람들이 이 의견에 수긍하고 있었다. 이러한 의견은 이번 발견이 블랙홀 쌍성계가 병합하는 과정에서 발생한 중력파의 파형 자체를 최초로 직접 검출했다는 사실을 부인하는 것은 아니었다. 이 사항은 결국 전체 투표를 통해 결정했고, 초록에 명기하는 것을 제외하는 것으로 결론을 내렸다.

어드밴스드 라이고의 제1 관측가동은 2015년 9월 18일부터 12월 13일까지 약 3개월간으로 계획되어 있었다. 그러나 가동 직전에 바로 중력파 이벤트를 발견하고 나서 약 한 달이 지났을 무렵 연구자들 사이에서 조심스러운 제안들이 올라오고 있었다. 제1 관측가동을 조금 연장하자는 의견이었다. 그 이유로 12월 13일에 첫 번째 관측가동이 종료되고 검출기는 몇 가지 기기적인 업그레이드를 거친 뒤에 2016년 2월에서 3월 사이에 제2 관측가동을 시작하기로 계획되어 있었다. 그러나 연구진들은 12월 13일 종료 이후 크리스마스와 신년 휴가로 인해서 업그레이드 과정은 어차피 1월이나 되어야 시작될 것이기 때문에 그 기간 동안 검출기가 아무 일 없이 쉬는 것보다는 관측을 지속하는 편이 더 좋을 것이라 생각했다. 이렇게 관측 기간이 길어지게 되면, 혹시 있을지도 모를 새로운 이벤트를 발견할 수 있을 것이라는 기대가 있는 것은 당연했다.

그러나 관측 연장에 대한 문제점 또한 있었다. 관측을 연장하는 기간 동안 관측소에서 근무를 해야 하는 인력이 필요했다. 이 상주 인력은 원래 라이고 과학협력단에서 자원자를 모집하여 매 3개월씩 교대 근무하는 'LSC 펠로우'라 이름 붙여진 전문 인력들이었다. 이 펠로우의 기회는 라이고 과학협력단 소속 연구진들 중 누구에게나 열려 있고, 상주 근무 시 필요한 비용은 각국의 연구진들이 분담하여 마련한 독립적인 재원으로 충당되었다. 그러나 원래 계획대로라면 연장 관측 기간 동안 근무를 해야 하는 인력에 대한 고려가 전혀 안 되어 있는 상황이었기 때문에 관측을 연장하기 위해서는 이 근무인력의 확보가 관건이었다. 이 제안은 결국 수차례의 전화회의와 운영위원회의 회의를 거쳐 2016년 1월 12일까지 1개월간 관측 기간을 연장하는 것으로 받아들여졌다.

제1 관측가동이 2015년 9월 18일부터 2016년 1월 12일까지 117일간이지만 실제 분석에 사용되는 데이터의 일수는 이보다 훨씬 적다. 이는 검출기의 가동률이 100퍼센트에 못 미치기 때문인데, 중력파 검출기는 다양한 이유로 관측모드가 아닌 상태에 놓여 있게 된다. 그 이유 중하나는 바로 지진이다. 전 세계에서 일어나는 지진으로부터 발생한 지진파가 결국은 라이고 검출기에 도달하기 때문에 이 진동이 검출기에 포착된다. 매우 거리가 멀고 그 규모가 작다면 미약한 진동을 감지하는 정도로 그치고 계속 관측모드가 지속될 수 있다. 그러나 비교적 가까운 위치에서 발생하거나 규모 5.0 이상의 강한 지진이라면 그 지진파의 진동으로 인해서 검출기의 관측모드에서 벗어난다. 예를 들면, 2015년 11월에 칠레에서 발생한 매우 빈번한 지진은 리빙스턴 관측소의 가동률을 심각하게 떨어뜨렸다.

검출기의 가동률에 영향을 미치는 또 다른 요인은 관측모드에 있을 때 검출기에서 발생하는 비정상적인 잡음이다. 검출기 자체의 기기적인 오류나 결함으로 인해 잡음이 발생할 수 있는데, 그 정도가 매우 심각한 수준이면 관측을 중단하고 잡음을 발생시키는 원인으로 추정되는 부분의 조율이 있게 된다. 따라서 검출기가 관측모드에 들어가서 데이터를 받게 되더라도 얼마나 오랜 기간 동안 양질의 데이터를 축적하는가가 해당 기간에 있을지도 모를 중력파 신호를 찾아내는 데 큰 변수로 작용한다. 실제 제1 관측가동 기간의 가동률은 평균 60퍼센트가 되지 못했다. 117일간의 가동 기간이지만 실제 관측으로 유의미한 신호를 찾을 수 있는 데이터는 약 2개월 분량밖에 되지 않았다.

여기에 두 곳의 검출기에서 동시에 관측모드 상태에 있는 이중일치성double coincidence을 고려한다면 분석에 사용할 수 있는 데이터의 양은 더 줄어든다. 실제 제1 관측가동 기간 중 이중일치 관측을 한 데이터는 전체 117일 기간 중 약 50일 분량의 데이터에 불과한 약 42퍼센트밖에 되지 않았다. 여러 대의 중력파 네트워크를 구성하여 관측하는 것이 절실해지는 이유이다. 향후 어드밴스드 버고, 카그라, 라이고 인도 검출기가 모두 가동되어 365일 가동을 지속할 수 있는 수준이 된다면, 1년 내내 관측가동률을 100퍼센트 가까이 유지할 수 있으리라 기대한다.

2016년 새해가 되어서도 어드밴스드 라이고 검출기는 연장된 일정으로 인해 여전히 관측에 여념이 없었다. 간혹 유지 보수와 정비를 위해서, 그리고 지구 곳곳에서 발생하는 지진으로 인해서 가동이 중단되는 시기가 잦아졌고, 특히 두 곳의 검출기가 함께 가동되는 기간도 줄어들었다. 이는 그레이스 데이터베이스에 기록되는 중력파 신호 후보의 등록 건수를 현저히 낮추었다. 협정세계시간으로 2016년 1월 6일 오전 1시 30분경 북한의 핵실험으로 추정되는 규모 5.1의 인공지진이 미국지질조사국USGS과 유럽 지중해 지진센터EMSC에 감지되었다. 이날은 필자가 리빙스턴 검출기의 데이터 품질 교대근무Data Quality Shift를 수행하고 있는 중이었다. 뉴스를 접한 필자는 바로 리빙스턴 검출기의 중력파 채널과 지진을 감지하는 지진계 채널을 확인했다.

북한에서 발생한 인공지진 진동이 리빙스턴에 도달하는 시간은 약 50여 분 뒤인 새벽 2시 20분이었다. 그러나 리빙스턴 검출기는 2시경부터 정비를 목적으로 다운 상태에 들어갔고, 이와 독립적으로 가동 중인 지진계에는 어떠한 이상신호도 검출되지 않았다. 마찬가지로 핸퍼드 검출기 역시 정비 보수를 목적으로 다운 상태였기에 이 북핵 실험의 지진 진동은 어떠한 중력파 채널에서도 감지되지 못했다. 통상 인도네시아, 대만 등 아시아권에서 발생한 이 정도 규모의 지진은 1만 킬로미터 이상 떨어진 중력파 채널에 항상 영향을 주었던 경험에 비추어 볼 때, 만약 정상적인 가동이었다면 분명히 중력파 검출기는 영향을 받았을 것이다. 이 사건으로 당시 미국 플로리다에서 열리고 있었던 미국천문학회에 설치된 어드밴스드 라이고 전시관에서는 라이고 검출기가 북한의 이 핵실험 신호를 포착했는지를 묻는 사람들이 매우 많았다고 한다.

중력파의 신호를 확정하는 과정은 매우 다양한 가능성에 대한 조사를 필요로 한다. 그중 흥미로운 하나는 바로 빈번하게 발생하는 낙뢰落雷, lightning strike에 의한 것이다. 지구상에서 빈번하게 발생하는 구름-지상의

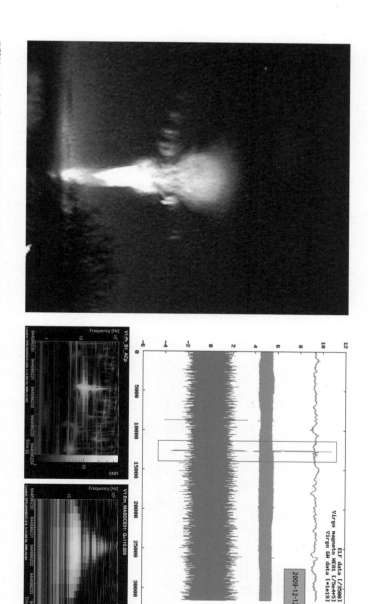

그림28 2009년 12월 12일 이탈리아 코르시카 섬에서 발생한 낙뢰의 촬영 사진(왼쪽)과 이 낙뢰로 인해 버고 검출기의 주력파 채널과 자기계 채널에 나타난 영향(오른쪽).
[사진/그림제공: Journal of Geophysical Research, 115, D24301/라이고-버고 협력단]

낙뢰에 의한 방전은 매우 강력한 전자기파의 방출이다. 이는 라이고 검출기와 같은 전자 장비들에 영향을 주기도 한다. 실제로 2009년에 이탈리아 코르시카 섬에서 발생한 낙뢰는 당시 버고 중력파 검출기의 중력파 채널과 자기계 채널에 영향을 주었다.

연구자들은 9월 14일 중력파 신호가 발견된 동일한 시간대에 이 흥미로운 낙뢰 현상이 아프리카의 부르키나파소에서 있었다는 것을 알아냈다. 공교롭게도 중력파 신호가 검출된 시각과 정확히 같은 9시 50분 45초에 낙뢰가 발생했다. 두 사건 사이의 시간 차이는 불과 0.015초였고 약 500킬로암페어의 강력한 전류가 방전된 현상이었다. 이 사건이 동일한 시간에 발생했다는 이유로 연구자들은 다소 긴장되면서도 흥미로운 사건으로 여겼고, 매우 진지하게 이 낙뢰에 대한 연구가 수행되었다.

이 낙뢰 현상은 전자기파의 특성으로 인하여 보통 자기계에 큰 영향을 주며 검출된다. 연구자들의 조사에 의하면 핸퍼드와 리빙스턴의 어떠한 자기계에서도, 심지어는 미국 전역에 지질조사를 목적으로 설치된 어떠한 자기계에서도 이 낙뢰에 의한 효과는 검출되지 않았다. 더구나 이 전자기파가 도달하여 우연히 중력파로 의심할 만한 신호를 만들었다고 생각하기에는 아프리카의 부르키나파소에서 라이고 검출기까지 거의 1만 킬로미터가 넘는 먼 거리였다.

Chapter 05 | 마지막 선물, **새로운 시작**

2015년 9월 14일. 아인슈타인이 중력파의 존재를 이론적으로 예견한 지 100년이 다 되어가던 이해에 중력파 신호가 검출되었다. 이 발견은 세 가지 측면에서 큰 의의를 가진다. 첫 번째는 그야말로 중력파를 '최초'로 직접 검출한 것이다. 1916년 아인슈타인에 의해 이론적으로 예측되었고, 1974년 헐스-테일러 펄서에 의해 그 존재에 대한 간접증거가 발견된 이후 아인슈타인이 옳았음을 증명하는 최초의 직접 증거가 발견된 것이었다. 두 번째는 이 중력파를 통해 블랙홀의 존재가 발견된 것이다. 그동안 천체물리학적 블랙홀의 존재는 엑스선과 같은 방출 등에 의해서 간접적으로 추정한 것이었다. 그러나 이 발견으로 최초로 블랙홀의 존재를 발견한 것이나 다름없었다. 세 번째는 최초로 쌍성 블랙홀의 존재를 발견한 것이었다. 더구나 그 쌍성 블랙홀이 서로 병합하여 하나의 블랙홀로 만들어지는 과정에서 나타난 중력파의 신호였기에 더욱더 기념비적인 발견이었다.

　　이 중력파 이벤트 GW150914는 단순히 항성질량 블랙홀의 존재만을 증명한 것은 아니었다. 더 나아가서 우리가 관측할 수 있는 시간 내의 우주에 쌍성 블랙홀이 존재하며, 이것이 하나의 블랙홀로 병합된다는 것을 보여준 사건이었다. 블랙홀 쌍성은 보통 구상성단globular cluster과 은하 원반부에서 형성되는 것으로 알려져 있다. 이 블랙홀 쌍성계가 방출하는 중력파가 발견될 확률은 GW150914 이벤트의 발견 이후 1년 동안 1기가파섹의 관측 한계 내에서 약 19개였으나, 10월 12일의 두 번째 이벤트가 중력파 신호로 확인된다면 이 값은 75개로 수정된다. 이는 그만큼 블랙홀 쌍성계가 라이고의 관측 범위 내에서 비교적 빈번하게 존재하고 중력파를 발생시킬 수 있다는 의미이다. 실제 중성자별 쌍성계에서 방출되는 중력파는 광학 후속관측이나 감마선 폭발을 관측할 수 있고, 다양한 중성자별의 물리학적 문제를 해결할 수 있을 것으로 기대된다. 그러나 실제 검출 확률 면에서는 블랙홀 쌍성계가 좀 더 높은 확률을 가지고 있다는 것이 알려져 있었다. 따라서 일부 연구자들 사이에서는 블랙홀 쌍성계에 의한 중력파가 먼저 발견된 것이 그리 이상할 것이 없다는 의견이었다.

　　한편 연구자들은 이 중력파를 방출하는 천체가 발산한 에너지를 계산했는데, 그 값은 초당 3.6×10^{56}에르그*였고, 초당 태양질량의 200배의

---

* 에르그는 에너지와 일의 단위로서 1에르그는 1다인dyne의 힘으로 1센티미터를 움직이는 에너지에 해당한다. 1다인은 1그램의 질량을 $1cm/s^2$으로 가속시키는 데 필요한 힘을 의미한다.

질량을 가지는 별이 방출하는 에너지에 해당되는 값이다. 이는 통상 우주에서 가장 강한 에너지 방출원인 감마선 폭발이 가지는 초당 10^{52}에르그보다 1만 배만큼 강한 에너지이다. 라이고 과학협력단의 한 연구자는 이 값이 아마도 현재 인간이 관측한 우주에서 일어난 가장 강한 에너지 방출을 일으킨 사건들 중 하나일 것이라 추측했다. 이 에너지를 가시광선에 해당하는 겉보기등급으로 변환하면 보름달보다도 밝게 빛날 정도로 큰 에너지를 방출하는 사건이었다.

중력파의 발견을 담은 검출 관련 논문과 더불어 12편의 동반 논문들이 작성되었고, 이들은 차례로 라이고 과학협력단 내의 논문출간위원회에 제출되어 엄격한 검토와 심사 과정이 있었다. 그리고 전체 회원들의 의견을 듣기 위해 각 그룹별로 논문에 대한 온라인 발표 세미나가 열렸고, 이를 통해 논문에 대한 최종 조언과 질의응답들이 이어졌다. 한국시간으로 2016년 1월 20일 오전 1시 라이고-버고 전체 차원의 전화회의가 개최되었다. 작성된 검출 논문의 최종 보고와 함께 마지막 단계인 스텝4의 선언이 있었다. 이 단계에서는 검출 논문의 최종 확정, 검출의 최종 결정을 위한 전체 회의와 함께 논문의 투고 및 언론발표까지 이어지는 일정이 있었다. 잠정적으로 예정된 언론발표일은 2016년 2월 11일이었다.

그로부터 이틀 뒤인 1월 22일 오전 1시에 마지막 전체 전화회의가 열렸다. 검출 논문에 대한 최종본을 확정하고 저널에 투고할 것인지에 대한 동의를 구하는 투표를 하기 위해서였다. 전화회의의 참석자는 약 300명 가까이였고, 회의가 있기 전 약 1,000여 명이나 되는 논문의 저자들에게 전자투표 양식이 발송되었다. 회의에서 최종 버전의 논문에 대한 간단한 브리핑이 있었고, 그 내용과 형식에 대한 자유 토론이 있었다. 특히 논문에 사용된 중력파의 파라미터 값들의 계산 결과에 대한 매우 격렬한 논쟁이 있었고, 진행되고 있는 투표 절차에 대한 반론들도 이어졌다. 약 2시간가량의 토론 이후 투표가 종료되었고, 개표 결과 거의 500명이 넘는 연구자가 '현재 버전의 논문의 투고를 찬성한다'에 투표했고, 반대는 오직 다섯 표였다. 온라인에서는 엄청난 환호성과 함께 그동안의 연구자들과 논문 작성팀의 노력에 대한 축하의 갈채와 덕담들이 오갔다. 이내 공식적으로 대변인의 이메일을 통해 최종 버전의 논문이 투고될 것임이 공지되었다.

며칠 뒤 공식적인 심사 보고서와 함께 논문의 수정이 있었고, 이윽고 언론발표 준비와 관련한 공지사항들이 발송되었다. 이 역사적인 언론발표는 정규 언론발표가 미국과학재단의 주최로 워싱턴 D.C.에서 있게 되며, 이후 각 협력단의 지역과 국가별 기자회견을 장려한다는 내용의 공지였다. 이를 위해 언론 보도자료를 작성하는 지침도 하달되었다. 보도자료에 쓰일 공통의 문구가 작성되어 각 국가별 발표를 위해 번역되었고, 각 지역과 국가의 개별 연구단들의 기여를 마지막에 추가하도록 지시되었다. 이러한 준비를 위해 설 연휴임에도 한국중력파연구협력단은 거의 매 시간 이메일을 확인하며 자료를 작성하고 수정하며 전화회의를 가졌다.

한국시간으로 2016년 2월 12일 0시 30분 미국 워싱턴 D.C.의 기자회견장에서 중력파의 최초 발견에 대한 공식 기자회견이 있었다. 이날 초청을 받았던 각계 인사와 연구그룹 대표들, 기자단들이 운집했다. 공식 발표석상에는 주요 연구지원 기관인 프란스 코도바 미국과학재단 책임자와 라이고 소장인 데이비드 라이체 교수, 라이고 대변인인 가브리엘라 곤잘레즈 교수, 그리고 라이고의 설립자 두 사람인 킵 손과 라이너 와이스 교수가 자리했다. 그야말로 라이고 프로젝트의 첫 삽을 뜬 지 30여 년 만에 이루어낸 감동적인 순간이었다. 이날 회견은 전 세계에 생중계되었다. 데이비드 라이체 교수가 먼저 말문을 열자 청중들은 큰 환호성을 질렀다.

> "우리는 중력파를 검출했습니다. 우리는 해냈습니다!(We have detected gravitational waves. We did it!)"

이후 가브리엘라 곤잘레즈 교수가 라이고 실험 과정과 중력파로 확정하는 순간까지의 과정 및 증거들을 설명한 후 라이너 와이스, 킵 손 교수의 발표가 이어졌다. 해당 논문은 이날 2월 11일자로 출판까지 확정되어 게시된 상태였다. 그동안 발표와 관련하여 보안을 유지하고 정보 유출을 막기 위하여 논문의 게재 확정과 출간일정 공지는 전체 회원에게도 이루어지지 않았었다. 그리고 이날에야 모든 회원은 지난 6개월간 연구와 분석에 매진했던 100년 만의 위업의 한 페이지를 넘겨볼 수 있었다.

한국시간으로 같은 날 오전 9시 서울 시내의 호텔에서는 한국중력파연구협력단이 주관이 된 한국 지역 중력파 발견의 기자회견이 있었다. 한국중력파연구협력단은 해당 중력파 검출의 연구결과를 브리핑하고,

그 의미와 한국 연구단이 향후 해야 할 과제들에 대해 전망하는 자리를 가졌다. 100년 만에 이룩한 역사적인 발견과 더불어 거의 같은 시간대에 전 세계 각지에서 유사한 발표 회견을 가지는 것은 라이고만의 독특하고도 특별한 행사였다. 새로운 중력파 천문학의 시대를 여는 것을 축하하며, 아인슈타인이 보내온 마지막 선물의 포장지를 뜯는 그런 행사임에 틀림없었다. 후대의 역사가들은 2016년 2월 11일, 그리고 2015년 9월 14일의 발견을 오래도록 기억할 것이리라.

새로운
천문학의 시대

천체를 관측하는 천문학의 발전은 그 관측 수단인 망원경의 역사와도 맥을 같이한다. 망원경을 적극적으로 이용하기 이전의 천문학이란 육안으로 밤하늘의 별을 관측하고 이동경로를 표기하고 지도를 만드는 기록의 역사였다. 지루하도록 많은 밤 동안 하늘의 별을 눈으로 보면서 기록하는 고독과 끈기와의 싸움이었고, 그러한 기록을 토대로 자신의 당대에 무언가를 발견해내기란 결코 용이한 것이 아니었다. 오로지 어떠한 사명감과 신념에 가득 차서 자료들을 축적하고 그 자료들을 보정하는 일이 대부분인 작업이었다. 그렇게 모인 자료들을 통해 통찰력을 가지고 발견이라는 다음 단계로 나아가기 시작하면서 천문학의 양상이 바뀌며 진보가 이루어진 것이었다. 튀코 브라헤Tycho Brahe(1546~1601)가 축적한 방대한 천문 관측자료들을 이용한 다음 단계의 도약이 바로 그것이었다. 그가 행성의 위치와 이동경로를 표기하는 방대한 데이터를 축적하고, 그

거대한 대적도의식 혼천의Great Equatorial Armillary 등의 관측시설들을 설치하여 관측했어도 그 수단은 여전히 '인간의 눈'에 의존한 것이었다.

망원경의 최초의 발명에 대해서는 여전히 다양한 이견과 수수께끼들이 남아 있지만, 본격적으로 세계 무대에 망원경이 등장한 것은 1600년대 초 과학자들의 손에 의해서가 아닌 네덜란드 상인들에 의해서였다. 한스 리퍼셰이Hans Lippershey, 자카리아스 얀센Zacharias Janssen, 야코프 메티우스Jacob Metius는 거의 동일한 시기에 초보적인 망원경을 사업의 수단으로 이용하기 위해 네덜란드 정부와 특허 및 제작권을 놓고 실랑이를 하고 있었다.[1]

그러나 이렇게 알려진 망원경의 개념은 별, 달 등의 천체들을 관측하는 데도 이미 이용이 되고 있었다. 이 중 한 사람이 갈릴레오 갈릴레이Galileo Galilei(1564~1642)였다. 망원경을 이용해서 목성의 위성을 관측한 것은 갈릴레이 이외에도 여러 사람이 있었던 듯하다. 그러나 갈릴레이는 망원경의 원리를 제대로 이해함으로써 그 성능이 실제 천체를 관측하는 데 유용하도록 개선하는 데 결정적 기여를 했다. 실제로 그가 개선한 망원경의 성능은 30배율까지 향상되었다. 이 망원경은 요하네스 케플러Johannes Kepler(1571~1630)에 의해 갈릴레이의 망원경의 단점을 보완하면서 점차 발전되었다. 실제로 그는 갈릴레이의 발명에 자극을 받아 1611년 『굴절광학Dioptrice』이라는 저술을 남기면서까지 망원경 개선과 광학이론 정립에 힘을 쏟았다. 육안으로 관측하던 시대에서 빛의 성질을 이용한 광학 천문관측의 시작이었다.

광학망원경의 관측 매개인 빛에 대한 연구는 1865년 제임스 맥스웰

James Clerk Maxwell(1831~1879)에 의해 '전자기이론electromagnetic theory'으로 이론적으로 정립되었다. 전기와 자기현상이 개별적인 현상으로 이해되던 것에서, 서로에 의해 유도되는 전자기파라는 하나의 실체의 두 가지 다른 모습이라는 것을 이론적으로 밝힌 것이었다. 전자기이론은 동떨어진 현상으로 인식되어오던 전기력과 자기력이 하나의 실체의 다른 모습임을 밝히고 이론적으로 통합한 최초의 통일이론이었다. 맥스웰의 전자기이론이 예견하는 사실을 실험적으로 증명한 것은 그로부터 불과 20여 년이 지나서였다.

1887년 하인리히 헤르츠Heinrich Hertz(1857~1894)는 고전압의 유도코일과 축전기, 좁은 간격을 두고 있는 약 지름 2센티미터의 금속구로 만들어진 회로에 빠르게 진동하는 전류가 흐르도록 한 전자기파 발생장치를 만들었다. 직경 약 1밀리미터의 구리선을 구부려 지름 7.5센티미터의 원을 만든 뒤 한쪽 끝에는 작은 구리합금의 금속구를 달고 다른 한쪽 끝에는 바늘을 달아서 그 간격을 조절할 수 있도록 했다. 이 장치는 전자기파가 수신기에 도달하면 전자기파 수신장치에서 유도전류가 발생하여 바늘 끝에서 방전 불꽃이 일어나도록 고안된 것이었다. 이 실험을 통해서 헤르츠는 맥스웰이 예견한 전자기파의 존재를 입증했으며, 그 후속 실험들로 전자기파가 횡파이며 빛의 속도로 전파된다는 사실도 입증했다. 이 실험적 사실로 가시광선은 특정한 파장 대역의 전자기파의 일종이며, 다른 파장 대역의 전자기파인 마이크로파, 자외선, 적외선, 감마선, 엑스선 등의 다양한 전파들이 존재함을 알 수 있었다.

헤르츠의 성공 이후 많은 과학자들은 전자기파의 송수신을 이용한 통신기술에 대해 연구하기 시작했다. 이탈리아의 전기공학자 굴리엘모 마르코니Guglielmo Marconi(1874~1937)는 장거리 무선통신을 성공시켰고, 그 공로로 1909년에 노벨 물리학상을 받았다. 이러한 전자기파의 송수신은 천문학에서도 응용될 수 있음을 생각하여 니콜라 테슬라Nicola Tesla (1856~1943) 등이 태양에서 오는 전파를 검출하려는 시도를 했으나 그 기술적 어려움으로 실패했다.

전파천문학은 아주 우연히 시작되었다. 1931년 벨연구소 소속 물리학자이자 공학자였던 칼 잰스키는 대서양 횡단 전파통신에서 발생하는 잡음을 조사하던 중 발생한 신호에서 24시간마다 절정에 달하는 잡음이 포착되는 것을 발견했다. 그리고 자신의 지향성 안테나가 궁수자리의 은하수가 가장 짙은 지역을 가리킬 때 발생한다는 것을 알아냈다. 잰스키의 이 발견은 '궁수자리 A'로 명명되었다. 이것은 강력한 전파원 중 하나로, 이 지역에서 발견된 천체들이 발생시키는 강력한 자기장과 그 안의 전자들에서 방출되는 것임이 밝혀졌다. 이는 우주에서 오는 전파를 전파수신기로 관측한 첫 사례였다. 전파천문학radio astronomy이 탄생하는 순간이었다.

잰스키의 첫 전파망원경 이후, 1937년 아마추어 천문학자인 그로트 레버Grote Reber(1911~2002)는 지름 약 10미터의 반사식 포물면 전파망원경을 그의 집 뒤뜰에 설치했다. 이로써 그는 최초로 전파대역의 전천탐색 관측을 수행했으며, 이후 10년 가까이 세계에서 유일한 전파천문학자였다. 제2차 세계대전 이후 대공 레이더의 군사기술들은 이제 초보적인 전파망원경으로 변신하고 있었다. 전 세계에 속속들이 전파천문대가 건설되었고, 전파망원경은 광학망원경의 한계를 극복하며, 광학망원경으로는 바라볼 수 없었던 우주의 새로운 모습을 보여주었다.

전파망원경은 가시광선의 도달이 유효한 밤 시간대에만 관측이 가능하고 날씨변화에 매우 민감한 것에 비해 1년 365일 상시 관측이 가능하다. 그리고 가시광선 영역에서 포착이 불가능한 파장대의 전파를 관측함으로써 얻어진 데이터는 천체에 대한 풍부한 정보를 제공해준다. 가장 유명한 전파천문학의 업적은 우주 마이크로파 배경복사CMBR, Cosmic Microwave Background Radiation일 것이다. 이 우주 마이크로파 배경복사는 1964년 미국의 전파천문학자인 벨연구소의 아노 펜지어스Arno Allan Penzias (1933~)와 로버트 윌슨Robert W. Wilson (1936~)이 발견했고, 이 공로로 1978년 노벨 물리학상을 수상했다.

우주 탄생 후 초기에는 온도가 높아 전자와 양성자들이 유리된 플라스마plasma 상태로 존재했다. 이 플라스마 상태는 강한 전자기력에 의해 광자들이 이동하는 평균자유행로mean free path*가 매우 짧다. 그러나 빅뱅 이후 약 37만 8,000년 뒤의 재결합Recombination 시기에 우주를 구성하던 플라스마 상태의 전자와 양성자들이 수소원자로 결합하는 상전이를 겪으면서 광자의 평균자유행로가 길어진다. 광자를 이용한 관측으로 볼 때 마치 우주가 맑게 개는 것처럼 보이는 것이다. 이 우주 전역의 광자의 분포는 거의 균등하고 등방적isotropic이므로 어느 특정 영역에서 발생하는 것이 아니라는 증거였다. 그 온도 역시 우주가 팽창함에 따라 우주 초기

---

* 어떤 입자가 다른 입자들과 연속적으로 충돌하면서 이동하는 평균 거리이다.

에 비해 현재에는 절대온도 2.73도 정도까지 떨어졌다. 최근 우주 마이크로파의 관측을 위한 기술이 정밀해지면서 이제 등방적인 우주 마이크로파 배경복사에서 나아가 별과 같은 물질을 구성하는 원소들이 생성되는 원인이 되는 비등방성의 증거를 찾기 위한 연구가 지속되고 있다. 오늘날의 '더블유 맵WMAP, Wilkinson Microwave Anisotropy Probe'이나 '플랑크' 위성과 같은 프로젝트가 바로 그것이다.

우주에서 오는 전파의 발견은 전파천문학이라는 새로운 영역을 탄생시켰고, 가시광선에 의존하던 광학관측에 더하여 전파라는 새로운 관측 수단을 선물해주었다. 이로써 우리는 광학관측을 통해 이해하던 수준에 머무르지 않고 우주에 대한 더욱더 심오한 이해를 할 수 있게 되었다. 이는 맥스웰과 그의 이론을 실험적으로 입증한 헤르츠가 전자기파를 발견한 당시에 상상하지도 못했던 일이었다. 헤르츠는 당시 그가 했던 발견의 중요성에 대해서 전혀 인지하지 못했다. 실제로 그는 전자기파를 발견한 후, 그 실험에 감명을 받아 발견의 효용성을 묻는 한 학생에게 다음과 같이 말했다고 한다.

"이건 아무 데도 쓸데가 없다. 단지 육안으로 볼 수 없는 이 신비로운 전자기파가 실제로 존재한다는 거장 맥스웰의 이론이 옳다는 것을 증명한 것에 지나지 않는다."

그럼 그다음에 할 일은 무엇인가라고 묻자, "글쎄, 아마도 없을 것 같다"라고 대답했다. 그러나 오늘날 우리들은 이 헤르츠의 예상이 보기

좋게 빗나갔음을 이미 알고 있다. 전자기파의 발견과 응용을 통해 인류는 오늘날 현대적인 무선통신 기술을 발전시켰고, 그 혜택을 누리고 있다. 또한 우주를 관측하는 새로운 수단으로 전파를 이용한 천문학 관측이 우주에 대한 이해의 폭을 넓히는 데 기여했다는 점에서 천문학 분야에서도 이 발견의 의의와 중요성을 찾을 수 있다. 이와 같은 역사의 교훈은 다름 아닌 중력파의 발견에 대해서도 유사하게 적용될 것이라 기대하고 있다. 중력파의 발견은 우주를 바라보는 또 다른 새로운 창을 제시해줄 것이며, 향후 인류는 이 중력파를 새로운 관측의 도구로 이용하는 '중력파 천문학'이라는 새로운 천문학이 탄생할 것이라 믿고 있기 때문이다.

Chapter 02 | 새로운 천문학과 **물리학의 시작**

'중력파 천문학'은 중력파를 천문학 관측의 새로운 수단으로 이용하여 천문학적, 천체물리학적 발견을 꾀하고자 하는 것을 말한다. 앞서 이야기한 대로 전자기파의 발견이 전파천문학이라는 새로운 학문의 탄생을 견인했고, 그 결과로 더욱더 풍성하고 새로운 우주의 모습을 발견하게 될 것이다. 마찬가지로 중력파를 통해 밝혀질 물리학과 천문학적 발견이 인류가 중력파의 검출을 통해 지향하는 최종 목표이다.

현재까지 천체의 관측 수단은 전파의 다양한 파장의 영역으로 넓어지긴 했지만 여전히 전자기파라는 가시광선을 포함한 수단에 국한되어 있다. 그러나 중력파는 전자기파가 미치지 못하는 영역인 우주 초기나 블랙홀의 주변과 같은 강력한 중력장에서 역시 제한이 없이 작용한다. 특히 우주의 여러 성간 물질 등과 상호작용하는 빛과 달리, 중력파는 그 세기가 매우 약하긴 하지만 다른 여러 신호의 간섭 없이 그 모습을 그

대로 간직하고 도달한다. 따라서 이러한 중력파를 새로운 관측 수단으로 삼는 것은 현재의 관측 수준을 한 단계 올려주고 현재까지 풀리지 않는 우주의 비밀을 밝히고 새로운 발견을 가져올 것이라고 예상하는 것은 너무도 당연하다. 중력파의 발견과 응용이 현대의 천문학과 천체물리학에서 해결해줄 것으로 기대되는 문제들은 다음과 같다.[2]

일반상대성이론과 이론물리학의 문제

• 중력파의 성질은 무엇인가?

중력파의 두 가지 중요한 성질은 빛의 속도로 전파된다는 것과 2개의 편광모드를 가지고 있다는 것이다. 중력파가 직접적으로 검출된다면 일반상대성이론이 예측하는 이 중력파의 성질에 대한 검증이 가능해질 것이다. 만약 중력파가 폭발체나 중성자별의 밀집 쌍성계에서 발생한다면 감마선 폭발*과 같은 전자기파의 방출이 동반될 것이다. 이 두 파동의 도달 시간을 비교하면 자연스럽게 빛 속도 대비 중력파의 전달 속도를 정밀한 정도로 측정할 수 있다.

힘을 전달하는 입자가 빛의 속도로 운동한다는 사실은 그 매개입자가 질량을 가지고 있지 않다는 의미이다. 즉, 중력을 전달하는 가상의 매개입자인 '중력자graviton'가 질량을 가지고 있다면 중력파는 느린 속도

---

* 중성자별을 포함한 밀집 쌍성계에서는 지속시간 2초 이내의 짧은 시간 동안 감마선이 방출되는 것으로 알려져 있다.

로 전파될 것이고 이는 중력파의 주파수에 영향을 주게 된다. 따라서 중력파를 방출하는 쌍성계에서 오는 처프 신호는 예측되는 것보다 왜곡될 것이고, 그 왜곡의 정도를 측정하면 중력자가 질량을 가지고 있는가에 대한 해답을 제시해줄 것이다.

만약 중력파가 세 곳의 독립적인 검출기에서 검출되고 파원의 방향이 정해진다면, 중력파가 가지는 2개의 편광모드에 대한 검증을 할 수 있다. 일반상대성이론에서 이 두 편광모드는 파원의 종류와는 무관한 것이나 일반상대성이론을 넘어서는 스칼라-텐서 이론scalar-tensor theory과 같은 대안이론에서는 3개의 편광모드를 예측하고 있다. 따라서 중력파의 발견은 일반상대성이론이 옳은 이론인가 혹은 스칼라-텐서 이론과 같은 대안 중력이론이 옳은 이론인가를 검증하는 중요한 시험대가 될 수 있다.

• 일반상대성이론은 중력을 기술하는 올바른 이론인가?

일반상대성이론이 옳다는 많은 실험적 증거들이 존재해왔다. 그러나 이론적으로는 중력과 다른 세 가지 자연계 힘과의 통일이나 암흑물질·암흑에너지와 같은 일반상대성이론의 범주에서는 해결되지 않는 문제들 때문에 일반상대성이론을 넘어서는 확장이론들과 대안이론들의 필요성이 대두되었다. 중력파의 검출은 일반상대성이론이 어느 한계까지 옳은 이론인지를 검증하는 새로운 방식을 제공한다. 회전하는 단계의 밀집 쌍성계를 기술하는 이론은 아주 약한 중력장에서의 운동이다. 이는 소위 '포스트-뉴턴 근사post-Newtonian approximation'라는 방법을 이용한 아주 정밀한 수준의 일반상대성이론 해법을 통해 기술한다. 이 해解를 이용한 정합필터의 방법론은 중력파의 신호를 검출하는 데 아주 중요하다. 따라서 관측된 중력파의 신호와 이론적으로 예측된 파형을 비교하여 일반상대성이론에 의한 근사방법론이 옳은 것인지 검증할 수 있다.

또한 블랙홀 쌍성계에서 방출하는 중력파를 관측하면 '관성계의 틀 끌림 효과frame-dragging effect'를 관측할 수 있다. 관성계의 틀 끌림 효과란 중성자별이나 블랙홀과 같은 질량이 큰 물체가 회전할 때 강한 중력장으로 인해 주변의 시공간도 함께 회전하는 효과이다. 2004년 미 항공우주국의 중력탐사 B 위성Gravity Probe B satellite이 이 효과를 입증하기 위해 발사되었고, 2011년 측정결과가 일반상대성이론의 예측과 정확하게 일치함을 확인했다.[3] 이 효과는 퀘이사quasar*에서 관측된 상대론적 제트**를 생산해 내는 아주 중요한 역할을 하는 것으로 추정된다.

대안 중력이론들 중에서 특히 이중 편광을 가지는 중력파가 방출될 수 있는 가능성을 제기한 이론이 있다. 이는 일반상대성이론이 오로지 사중 편광모드를 가진 중력파를 방출하는 것과 대비된다. 회전하는 쌍성계에서 만일 이중 편광모드가 유효하다면, 궤도의 감소와 중력파의 파형에 왜곡 효과를 일으킬 것이기 때문에 중력파의 관측을 통해 이 대안이론이 옳은지를 검증할 수 있다.

---

* quasi-stellar object로 준항성이라고도 한다. 강한 에너지를 방출하는 매우 멀리 떨어진 활동은하핵AGN, active galactic nuclei이다.

** 전파은하나 퀘이사 등의 일부 활동은하 중심의 무거운 천체들이 생산해내는 강력한 플라스마의 분출을 말한다.

• 일반상대성이론은 강한 중력장하에서의 물리현상을 잘 기술할 수 있는가?

대부분의 일반상대성이론의 검증은 펄서 쌍성계나 태양계와 같은 약한 중력장하에서 이루어진 것들이었다. 분명히 중성자별 혹은 블랙홀 주변의 강착원반accretion disk*과 같은 강한 중력장에서의 현상이 있었음에도 이를 입증하는 것은 쉽지 않았다. 회전하는 두 블랙홀이 충돌하는 병합의 마지막 단계는 극단적으로 강한 중력장에서의 현상이다. 최근 수치상대론numerical relativity**이 발전함에 따라 이 병합단계에 있는 블랙홀 쌍성계의 파형에 대한 확고한 이론적 근거가 제시되었다. 이 이론적인 파형과 실제로 관측한 블랙홀 병합의 파형을 비교하는 것은 강한 중력장하에서 발생하는 현상을 검증하는 좋은 예이다.

• 자연에 존재하는 블랙홀은 일반상대성이론이 예측하는 것과 동일한 것인가?

일반상대성이론이 예측하는 블랙홀은 '털 없음no-hair'이라는 성질을 가지고 있다. 이 성질은 블랙홀을 기술하는 모든 물리적 특성이 오로지 질량, 전하, 각운동량角運動量이라는 세 가지 성질로만 기술된다는 것을 의미한다. 이것은 일반적으로 중력이 작용하는 물질이 그 내부 구조의 구성에 의존하는 것과 완전히 다른 성질이다. 예를 들어, 내부가 완전히 고체

---

* 강착원반은 중성자별이나 블랙홀 등의 주위로 궤도운동을 하는 별의 물질이 유입되어 형성되는 원반 구조이다.

** 아인슈타인 방정식의 전 과정을 수치해법을 통해 시뮬레이션 하는 분야로서, 최근 이론적인 도약과 슈퍼컴퓨터의 발전을 통해 급속도로 발전했다.

인지, 일부가 액체이고 일부가 고체인지에 따라 작용하는 중력은 완전히 달라진다. 그러나 블랙홀은 그 구조가 어떻든지 간에 오로지 세 가지 종류의 '털hair'에 의해서만 기술된다.

중력파의 주요한 파원 중 하나인 '극한질량비 회전체EMRI, extreme mass ratio inspirals'는 이 '털 없음' 성질을 검증해줄 것으로 기대된다. 이 파원은 거대질량 혹은 중간질량 블랙홀 주위를 도는 블랙홀, 중성자별 또는 백색왜성 같은 항성질량의 밀집성stellar-mass compact objects에 해당하며, 그 큰 질량비 때문에 심한 정도의 타원 궤도운동eccentric orbital motion을 하게 된다. 따라서 이 파원에서 방출되는 중력파를 관측하면, 블랙홀의 질량과 각운동량의 비율을 조사함으로써 해당 파원이 일반상대성이론에서 예측하는 블랙홀을 기술하는지를 검증할 수 있게 된다. 또한 블랙홀 쌍성계의 마지막 병합 과정 이후 안정화ringdown 과정을 거치게 되면서 심하게 찌그러진 형태로 진동하는 블랙홀에서 역시 중력파가 방출된다. 진동하는 블랙홀의 주파수와 감쇠시간 등의 관측으로 블랙홀이 질량과 각운동량에 의해 기술되는지를 확인할 수 있고, 이는 블랙홀의 '털 없음' 성질을 검증하는 중요한 척도가 된다.

• 극한 상태의 밀도와 압력하에서 물질의 성질이 어떻게 바뀌는가?

중력파를 발생시키는 주요 파원 중 하나는 빠르게 회전하는 중성자별로부터 오는 연속 중력파이다. 입자물리학의 지식의 범주에서 중성자별 내부의 물질 구조가 어떻게 변하고 어떻게 회전에 의한 비대칭적인 구조를 가지는지에 대한 여러 가지 가설들이 제시되어왔다. 이러한 비대칭 구조가 매우 크다면 충분히 검출 가능한 세기의 중력파가 방출된다. 그런 중력파를 관측함으로써 중성자별의 내부 구조에 대한 다양한 가설들의 검증이 가능해진다.

또한 중성자별 쌍성계의 회전과 병합의 최종 단계에서 발생하는 조력붕괴tidal disruption와 같은 현상은 별의 고밀도 핵 구성 물질의 상태방정식equation of state을 제한制限하는 데 충분한 정보를 제공해줄 것이다. 만일 중성자별-블랙홀 쌍성계에서 발생하는 중력파를 검출하면, 이는 중성자별과 관련된 물질의 상태방정식에 대한 정보를 제공해줄 것으로 기대된다.

천문학과 천체물리학의 문제

• 항성질량 블랙홀은 얼마나 풍부하게 존재하는가?

항성질량 블랙홀stellar-mass black hole은 무거운 별의 진화 과정 최종단계에서 중력붕괴에 의해 형성되는 블랙홀로, 대략 태양질량의 5배에서 수십 배에 해당하는 질량을 가진다. 항성질량 블랙홀로부터 방출되는 중력파는 주로 병합되는 2개의 별 중 1개 혹은 2개 모두가 블랙홀인 쌍성계에 의한 것이다. 그러나 어떻게 질량이 큰 별의 중력붕괴 과정이 쌍성계의 붕괴를 야기하고 혹은 충분히 두 별이 가까워져서 짧은 시간 내에 병합되는지에 대한 명확한 이해가 필요하다. 구상성단에는 여러 가지 포획 과정을 통해 형성된 블랙홀 쌍성계가 풍부하게 존재한다. 따라서 이런 큰 질량을 가진 블랙홀 쌍성계가 라이고와 같은 지상 기반 중력파 검출기에서 검출될 확률은 비교적 높다. 이 쌍성계로부터 방출되는 중력파를 검출하면, 항성질량 블랙홀이 은하 내에서 얼마나 많이 존재하며 그 질량과 자전의 분포가 어떠한가에 대한 정보를 제공해줄 것이다.

• 감마선 폭발을 일으키는 주요 원인은 무엇인가?

중력파를 발생시키는 강력한 파원 중의 하나는 짧은 주기의 감마선 폭발을 동반하는 중성자별과 블랙홀의 쌍성계이다. 이 파원에 대한 중력파를 검출함으로써 감마선 폭발에 대한 물리적 메커니즘을 밝히고 그 방출원에 대해 자세히 연구할 수 있다.

• 중간질량 블랙홀은 정말로 존재하는가?

중간질량 블랙홀IMBHs, Intermediate Mass Black Holes은 은하 중심에 존재하는 거대질량 블랙홀과 항성질량 블랙홀의 사이의 질량을 가지는 것으로 예측되어온 가상의 블랙홀이다. 그 존재 가능성에 대한 논쟁은 끊임이 없었고, 명확한 실험적 증거는 발견되지 않았다. 이 블랙홀은 대략 태양질량의 100배에서 100만 배 정도의 질량을 가진다. 이 단계의 블랙홀에서 방출하는 중력파가 발견되어 그 존재가 입증된다면 은하 중심부의 큰 질량의 블랙홀과 어떠한 관련성을 가지고 있는지 등에 대해 입증해줄 것으로 기대된다.

• 거대질량 블랙홀은 언제 어디에서 생겨나며, 이들은 은하 형성과 어떤 관련이 있는가?

최근 거대질량을 가진 블랙홀이 존재한다는 강력한 관측의 증거들이 늘어나고 있다. 이들의 형성과 상호작용은 우주 기반 중력파 검출기의 주요한 관측 대상이며, 가장 가능성 있는 대상은 우리 은하이다. 별의 개체들이 태양질량의 370만 배 되는 밀집성의 주위를 회전하고 있는 것으로 보고 있으며 큰 질량을 가진 가까운 은하 중심부에 10만 배에서 1,000만 배 질량의 블랙홀이 존재하는 것으로 예상된다. 그 중심부에 있는 블랙홀의 질량과 은하의 중심에서 광도와 속도가 분산되는 데에 확고한 상관관계가 있다고 알려져 있지만, 어떻게 그 거대질량 블랙홀이 형성되는지, 그 상관관계의 원인이 무엇인지는 알려져 있지 않다. 이들 거대질량 블랙홀에서 오는 중력파는 우주 기반 중력파 검출기의 검출 영역에 있다. 이 검출을 통해서 블랙홀 질량의 성장 과정을 규명하고, 은하의 진화 관계를 규명할 수 있다.

• 큰 질량을 가진 별이 붕괴할 때 어떤 일이 일어나는가?

대부분의 중성자별은 그 생성 과정에서 중력붕괴와 초신성 폭발을 동반한다. 이러한 현상에서 확실한 파형과 세기를 예측하는 것은 아주 어려운 일이었다. 그 폭발은 대략 100헤르츠에서 1,000헤르츠 사이의 영역대에 있고, 그 파형은 통상적인 처프 신호 혹은 좀 더 복잡한 신호일 것으로 예측된다. 이들이 검출된다면 중력붕괴 내부의 과정에 대한 중요한 단서를 제공해줄 것이고 고온·고밀도의 핵물질 상태방정식을 결정하는 데 도움을 줄 수 있을 것이다.

• 회전하는 중성자별은 중력파를 방출하는가?

펄서 전파원의 탐색을 통해 대략 2,000여 개 이상의 회전하는 중성자별이 우리 은하에서 관측되었다. 그러나 우리 은하에는 1억 개가 넘는 회전하는 중성자별이 존재할 것으로 예측되고 있으며, 대부분은 너무 오래되어 펄서가 되기에 충분한 활동성을 가지고 있지 못하다. 그러나 만약 그것들이 비대칭 변형을 일으키는 종류라면 충분히 중력파를 발생시킬 수 있을 것이다. 이 변형의 정도에 대한 것은 현재에도 논쟁의 중심에 있지만 회전하는 중성자별에서 방출되는 중력파가 검출된다면 그런 변형을 야기하는 물리적 원인뿐만 아니라 은하의 중성자별 분포를 규명할 수 있을 것이다.

• 우리 은하에서 백색왜성 쌍성계와 중성자별 쌍성계의 분포는 어떻게 되는가?

우주 기반 중력파 검출기는 우리 은하 내에서 대략 1만 개 정도의 백색왜성과 중성자별 쌍성계를 검출할 것으로 기대된다. 이 후보들은 초신성 폭발체뿐만 아니라 밀리초 펄서의 후보이기 때문에 이 검출로 쌍성계들의 진화를 이해하는 데 도움을 줄 것으로 생각된다.

• 중성자별은 질량이 얼마나 큰가?

천문학에서 아직 풀리지 않는 오래된 문제는 중성자별의 최대 질량이 어느 정도인가 하는 것이다. 보통 중성자별은 태양질량의 1.4배에서 3배 정도에 이를 것이라 예측하고 있다. 그러나 최근 관측에 의한 가장 큰 질량의 중성자별은 2013년에 발견된 태양질량의 2배에 해당하는 중성자별이다. 중성자별의 핵과 같은 고밀도, 고온, 고자기장 환경에서의 물리학은 매우 복잡하기 때문에, 이 질문에 대한 대답은 이론적으로 추정만이 가능할 뿐 명확하지 않다. 중성자별은 병합 과정에 가까워지면서 조력붕괴가 생겨나기 때문에 블랙홀 쌍성계의 과정과는 명확하게 다른 중력파의 마지막 방출 양상을 보여준다. 이것을 통해 중성자별의 질량 스펙트럼을 추정하는 것이 가능할 것으로 기대되며, 중성자별의 질량이 어느 정도이며 가장 안정된 질량의 영역이 얼마인지를 밝혀줄 것이다.

• 중력파로 중성자별의 내부를 관찰할 수 있는가?

펄서의 성질이 규명되고 수년이 지나도록 해결되지 못한 문제가 있는데 그것은 펄서의 맥동 비율이 어느 순간 갑자기 증가한다는 것이다. 이에 대한 정확한 기저는 밝혀지지 않았지만, 핵에서부터 껍질까지 각운동량의 전이가 있고, 핵에 대한 회전량의 차이가 생기고, 이것이 펄서 글리치 pulsar glitch를 야기한다고 믿어지고 있다. 그 과정에서 핵은 진동하여 중력파를 발생시킬 수 있다.

매우 강한 자기장을 가지는 중성자별인 마그네타magnetar는 짧고 강한 엑스선과 약한 감마선을 방출한다. 이런 천체들은 상대적으로 드물어서 아주 흥미로운 연구 주제이다. 때때로 이들은 매우 강한 밝기의 빛을 방출하기도 하는데 복잡한 자기장 구조의 급격한 재배열과 관련이 있을 것으로 추정되고 있다. 이 마그네타에서 방출되는 중력파는 아인슈타인 망원경Einstein Telescope과 같은 제3세대 중력파 검출기의 관측 영역에 있다.

• 우주에서 별의 탄생 비율은 어떻게 되는가?

밀집 쌍성계가 탄생하는 비율은 질량이 큰 별의 탄생 비율과 밀접하게 연관되어 있다. 또한 큰 질량을 가진 별의 탄생 비율은 은하가 어떻게 형성되었는가에 대한 실마리를 제공해준다. 은하 핵 중심부의 거대질량 블랙홀의 형성에 대한 이해를 토대로 우주 거대구조의 진화와 형성에 대해 이해할 수 있다. 중력파의 검출을 통하여 밀집 쌍성계의 분포와 밀도를 추정해볼 수 있고, 이를 통해 큰 질량을 가진 별의 형성 비율이 어느 정도인지도 가늠해볼 수 있을 것이다.

우주론의 문제

• 우주의 가속팽창은 무엇을 의미하는가?

블랙홀 쌍성계의 회전체binary black hole inspirals는 질량, 자전, 궤도 이심률과 같은 적은 수의 파라미터 값으로 조절되는 시스템이기에 표준촉광standard candle*의 좋은 후보가 된다. 즉, 중력파의 진동수와 진동수의 변화는 이 같은 파라미터에 의존하고, 그 세기는 이들 파라미터와 오로지 파원까지의 거리에 의존할 뿐 복잡한 메커니즘이 존재하지 않는다. 아인슈타인 망원경과 같은 제3세대 중력파 검출기는 매우 먼 거리에 있는 감마선 폭발체의 파원들을 아주 정밀한 정도로 관측이 가능하다. 스토캐스틱stochastic 중력파 배경복사의 관측은 우리 우주를 구성하고 있는 물질과 관련한 파라

---

* 밝기가 잘 알려진 별들은 우주에서 거리를 재는 표준으로 사용되는데 이를 표준촉광이라 한다.

미터를 정밀하게 측정해줄 것으로 기대된다. 따라서 현재 우주론에서 암흑에너지, 암흑물질을 포함한 물질의 구성비와 관련된 '상태방정식 파라미터equation-of-state parameter'*를 10퍼센트 내외의 정밀도로 측정할 수 있고, 또한 우주 기반 중력파 검출기인 리사LISA, Laser Interferometer Space Antenna에서는 약 2.5배 이상 더 정밀하게 관측할 수 있다.

• 초기 우주에서 상전이가 있었는가?

초기 우주에서 인플레이션(급팽창)의 여러 모델들에 대한 검증과 함께 여분의 차원extra dimension** 등이 존재했다면 이것이 초기 우주의 중력파 배경복사에 영향을 주었는지가 중력파 배경복사 검출을 통해 규명될 것이다. 또한 우주 끈cosmic strings***의 진동이나 보손별boson star****의 붕괴와 같은 초기 우주에서 존재했을 것으로 추정되는 여러 가설들에 대한 검증도 가능해진다. 이러한 우주론적 관측의 대부분은 1헤르츠 이하의 저주파 영역에 해당하므로 현재의 어드밴스드 라이고나 어드밴스드 버고와 같은 지상 기반 검출기의 주파수 영역을 벗어나고, 우주 기반의 중력파 검출기

---

* 우주론에서 물질의 에너지 밀도와 압력의 비율을 말하며 최근 관측에 의하면 이 값은 −1에 가까운 값으로 관측되고 있다.

** 초끈이론 등에서 우주가 4차원 이상에 존재할지도 모른다는 가설을 통해 등장하는 4차원 이외의 차원을 의미한다. 초끈이론은 우리 우주가 10차원에 존재하고 4차원을 제외한 나머지 6차원은 국소화 과정을 통해 여분의 차원공간에 존재한다고 주장한다.

*** 초기 우주의 모델에서 대칭성 붕괴를 통해 생성된다고 믿어지는 가상의 1차원 끈이다.

**** 보통의 별은 물질을 구성하는 페르미온fermion들로 구성되나, 보손별은 물질의 힘을 매개하는 입자인 보손입자들로만 구성된다고 믿어지는 기묘한 별이다.

나 아인슈타인 망원경과 같은 제3세대 지상 기반 검출기의 임무에 해당한다.

라이고, 버고, 그리고 카그라와 같은 레이저 간섭계 기반의 지상 중력파 검출기는 그 검출의 한계가 대략 10헤르츠에서 1,000헤르츠 대역이고, 검출이 가능한 파원은 핵붕괴 초신성과 밀집성 쌍성계에서 방출되는 중력파에 국한되어 있다. 현실적으로 이보다 더 낮은 주파수 대역에서는 우리가 흥미를 가질 만한 풍부한 중력파원들이 존재하지만, 현재의 지상 기반 레이저 간섭계형 검출기는 지상에서의 진동 잡음의 장벽으로 인하여 기술적으로 더 낮은 주파수 대역을 탐사하는 중력파 검출기를 설계하는 것이 불가능하다. 이러한 한계를 일찌감치 인지하여 차세대 중력파 검출기에 대한 논의와 진행이 이미 시작되었다. 그 중심에 있는 것이 우주 공간에 위성을 올려서 진동 잡음의 벽을 낮추고자 하는 것이고, 또 다른 하나는 땅속 깊숙이 검출기를 묻어서 그 한계를 넘고자 하는 시도이다.

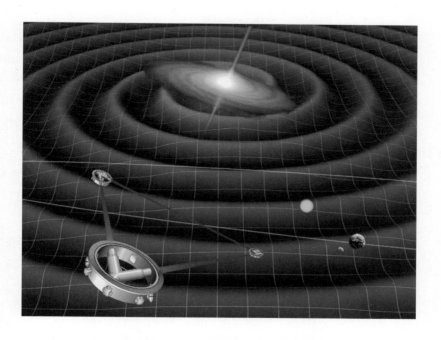

그림29 e-리사의 모식도. 우주 공간에 그림과 같은 3대의 위성을 띄워 레이저의 간섭효과를 이용하여 중력파를 검출하고자 하는 야심 찬 프로젝트이다. [NASA 제공]

우주 공간으로 위성을 띄우고자 하는 프로젝트 중 가장 유명한 것이 유럽우주국ESA, European Space Agency이 추진하는 e-리사eLISA 프로젝트이다. 이는 원래 미 항공우주국과 공동으로 추진하던 리사LISA 프로젝트였는데 미국이 참여 중단을 선언하면서 유럽이 독자적으로 추진하는 프로젝트가 되었다. 그 규모도 원래 설계보다 축소되었고, 전면 추진 이전에 2015년 이 프로젝트의 가능성 검증을 위한 길잡이 위성을 먼저 추진하여 그 가능성이 검증되면 본 프로젝트를 지원하도록 수정되었다.

〈그림29〉에서 보듯이 기본적인 원리는 라이고의 레이저 간섭계 원리와 유사하다. 우주 공간에 3대의 위성을 쏘아 올린 후 3대가 서로 레이저를 조율하여 일정한 거리가 되도록 한다. 그리고 만일 중력파가 이 위성을 휩쓸고 지나간다면 주변 시공간의 변화는 위성의 거리를 변화시킬 것이므로 간섭효과가 나타날 것이다. 이 e-리사의 검출 목표는 라이고나 버고의 영역 밖의 백색왜성 쌍성계나 큰 질량의 블랙홀 쌍성계(특히 중간질량 블랙홀 쌍성계) 그리고 극한질량비 회전체와 같은 중력파원에서 오는 중력파의 검출을 목표로 하고 있다. 이 길잡이 위성은 한국시간으로 2015년 12월 3일 성공적으로 발사되어 현재 본격적인 우주 중력파 탐사를 위한 전초임무를 수행하고 있다.

일본에서는 데시고DECIGO, DECi-hertz Interferometer Gravitational-wave Observatory라 불리는 우주 기반 중력파 검출 위성을 계획하고 있다. 기본 구조는 e-리사와 유사하지만 e-리사보다는 조금 높은 주파수 대역인 0.1헤르츠에서 10헤르츠 정도 사이의 영역을 탐사할 계획으로 있다. 현재 개념설계 단계이며 2020년경 이후에야 구체적인 진행과 모습을 드러낼 것이다.

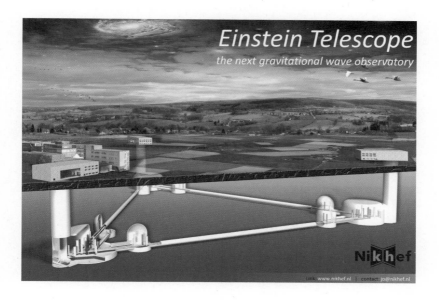

그림30 아인슈타인 망원경의 개념도. 리사와 같은 구조로 되어 있으나 지하에 건설되며 극저온 기술을 사용하는 차세대 지상 중력파 관측소이다. [NIKHEF, 조 반 덴 브랜드 제공]

지상 기반의 검출기로 유럽이 주도적으로 추진하는 프로젝트로는 아인슈타인 망원경이 있다. 현재의 레이저 간섭계 기반의 검출기는 어느 정도 미국이 주도권을 가지고 있기 때문에, 2020년 이후를 바라보고 유럽이 야심 차게 독자적으로 추진하려고 하는 프로젝트이다. 기본적인 개념은 〈그림30〉에서 보듯이 e-리사와 아주 유사하나 약 100~200미터 지하에 건설하고 극저온 기술을 사용하는 등 카그라 검출기의 개념을 도입하여 지상 기반 검출기의 민감도를 10^{-24} 이하까지 낮추어 관측하고자 하는 야심 찬 프로젝트이다. 아인슈타인 망원경의 관측 주파수 대역은 약 1헤르츠에서 1만 헤르츠로 어드밴스드 라이고, 어드밴스드 버고, 카그라 등을 포함하는 영역이며, 현재 개념설계 단계에 있어 2025년 이후 본격 추진될 것으로 기대하고 있다.

지상이나 우주에 간섭계 형태의 중력파 검출기를 건설하거나 위성을 쏘아 올리는 방식이 아닌, 우주에 존재하는 맥동하는 항성전파원인 펄서를 이용하여 중력파 검출을 하고자 하는 새로운 관측 개념이 있는데, 이것을 펄서타이밍 배열PTA, Pulsar Timing Array이라고 한다. 펄서는 주기적인 전파를 발생하며 빠르게 회전하는 중성자별로, 그 전파의 맥동주기가 통상 수 밀리초에서 수 초에 이른다. 중력파 검출기로서의 펄서타이밍을 이용하는 것은 이미 1978년 미하일 사즈힌Mikhail V. Sazhin과 1979년 스티븐 뎃와일러Steven Detweiler에 의해 제안된 방법이었다. 현재까지 지구에서 알려진 밀리초 펄서들의 맥동주기를 현재 지구에 건설되어 있는 전파망원경을 통해 관측하여 그 관측 데이터를 축적할 수 있고, 지구에 도달하는 펄서 전파들의 미묘한 변화들은 중력파가 발생함으로 인해 생기는 효과를 담고 있기 때문에 중력파를 검출할 수 있다는 아이디어이다.*

현재 이 방법으로 관측을 수행하고 있는 연구그룹은 다음과 같다. 북미 대륙의 나노그라브NANOGRAV, North America Nanoherz Gravitational-wave Observatory는 아레시보 천문대Arecibo Observatory와 그린뱅크 전파망원경Green Bank Radio Telescope이 관측자료를 수집하고 있고, 유럽 펄서타이밍 배열EPTA, European Pulsar Timing Array은 유럽 네 곳의 망원경인 로벨 망원경Lovell telescope, 웨스터보크 합성 전파망원경Westerbork Synthesis Radio Telescope, 에펠스베르크 전파망원경Effelsberg Radio Telescope, 넝쎄 전파망원경Nançay Radio Telescope이 관측자료를 수집하고 있다. 한편 호주의 파크스 펄서타이밍 배열PPTA, Parkes Pulsar Timing Array은 파크스 전파망원경Parkes Radio Telescope이 관측자료를 모으고 있다.

이 세 곳의 펄서타이밍 배열 프로젝트는 국제 펄서타이밍 배열IPTA, International Pulsar Timing Array 컨소시엄을 구성하여 관측자료를 공유하며, 약 30개의 펄서들을 관측하여 대략 수십에서 수백 마이크로헤르츠 대역의 중력파 검출을 목표로 하고 있다. 이 중력파의 파원은 초기 우주의 인플레이션 영향으로 인한 스토캐스틱 중력파 배경복사에 해당한다.

천문학 분야에서 가장 야심 차게 추진되는 미래 지향 관측 프로젝트 중 하나는 바로 에스-케이-에이SKA, Square Kilometre Array[4]라 불리는 거대 전

---

* 1992년에 알렉산더 울슈찬Alexander Wolszczan과 데일 프레일Dale Frail은 최초로 검증된 외계행성 탐사에 이 방법을 적용했었다. 당시 그 외계행성들은 펄서 주위를 돌고 있었는데 맥동주기가 원자시계보다도 정확하고 규칙적이었던 펄서들의 주기가 미묘하게 변화하는 것은 주변의 외계행성들에 의해 일어나는 것이라 생각했다. 이를 통해 외계행성의 개수와 그 질량까지 예측할 수 있었고, 이 정확도는 지구의 10분의 1 크기의 행성조차도 예측할 수 있을 정도로 정밀했다.

파망원경 배열 프로젝트이다. 이 프로젝트는 호주와 남아프리카 공화국에 건설될 계획이고, 전파망원경의 설치 구획이 대략 여의도 공원의 4배가 넘는 면적에 달한다. 거의 모든 천문학적 관심이 있는 광범위한 관측을 포함하는데, 기존 전파 탐사에 비해 50배 이상 관측영역이 넓고 깊다. 따라서 매일 방대한 데이터가 수집될 것으로 예상되어 이 데이터의 처리와 분석에도 막대한 계산 자원, 저장 자원, 그리고 네트워크 자원 등이 요구될 전망이다. 이 프로젝트의 임무 중의 하나가 우주 초기에 발생하는 스토캐스틱 중력파 배경복사를 관측하고자 하는 것이다. 이 에스-케이-에이 프로젝트는 2018년에서 2023년 사이에 제1기 건설이, 2023년에서 2030년에는 제2기의 건설이 계획되어 있다.

그림31 에스-케이-에이 프로젝트의 개념도. [SKA Project Development Office and Swinburne Astronomy Productions(CCL-BY-SA) 제공]

Chapter 04 | 한국의 중력파 연구

한국의 중력파 연구는 다른 나라에 비해 매우 뒤처져 있는 것이 현실이다. 그 이론적 관심과 연구는 2003년에 서울대학교 천문학과를 중심으로 결성된 한국중력파연구회에서 그 본격적인 시작을 찾을 수 있다. 이시기에는 국제적인 협력보다는 중력파와 중력파 검출, 데이터 분석 등 초보적인 수준의 연구가 시도되었다. 대략 10여 명의 연구진들로 구성되어 연구 소모임의 성격을 띠었다. 이후 2005년 한국과학기술정보연구원KISTI, Korea Institute of Science and Technology Information에서 슈퍼컴퓨터의 활용방안을 위해 결성된 한국수치상대론연구회가 수치상대론 분야와 함께 중력파 연구를 지원하기 시작했고, 중력파 연구를 위한 여름학교와 겨울학교, 다양한 학술회의가 시작되었다.

보다 본격적인 진전은 이 중력파 여름학교의 일환으로 2008년 8월 현 라이고 대변인인 루이지애나 주립대학교의 가브리엘라 곤잘레즈

Gabriela Gonzalez 교수를 초청하고 라이고 중력파 검출에 대한 연구 자문, 그리고 라이고 과학협력단의 회원 가입을 위한 조언을 받게 되면서 조직화되었다. 이 초청을 계기로 국내 연구진들이 급속도로 결집되었고 라이고 과학협력단의 회원 가입을 위한 논의가 시작되었으며, 2008년 12월 공식적으로 한국중력파연구협력단KGWG, Korean Gravitational-Wave Group이 조직되었다.

2009년 1월 라이고 과학협력단과의 협력연구를 위하여 라이고 리빙스턴 관측소 탐방과 루이지애나 주립대학교, 위스콘신 밀워키대학교 등을 방문하여 실제적인 데이터 분석연구에 대한 교류 사항을 협의했다. 같은 해 9월 헝가리 부다페스트에서 열린 라이고-버고 연례총회에서 만장일치로 한국중력파연구협력단의 가입이 승인되었다. 이때 참여했던 국내 연구진은 2개의 국가연구소, 5개의 대학 등 컨소시엄 형태로 조직되었다. 주요 임무는 라이고 데이터 분석연구의 참여와 함께 KISTI의 슈퍼컴퓨팅 자원을 중력파 데이터 분석에 제공하고 라이고 데이터 센터로 발전하는 데 기여하는 것이었다.

KGWG는 이후 2011년 일본의 카그라 검출기 협력단과 공식 협력체결을 맺었고 이해 카그라 연례총회에서 카그라 협력단의 가입이 승인되어 라이고-버고, 카그라와의 공식 협력체제를 이루었다. 카그라에서의 협력미션은 새롭게 KGWG에 신설된 실험연구진이 카그라의 검출기 제작과 연구에 참여하고자 하는 것이었다. 그 분야는 고출력 레이저, 간섭계 등에 대한 연구 개발과 카그라 데이터 분석을 위한 소프트웨어 개발에 해당하는 것이었다. 이 협력 이후 현재까지 매년 2회 한-일 카그라 공동 워크숍을 한국과 일본을 오가면서 개최하고 있다.

한편 아인슈타인의 일반상대성이론 100주년을 기념하여 2015년 6월에는 중력파 분야의 가장 큰 학술대회인 제11차 에두아르도 아말디 중력파 국제학술대회가 광주 김대중컨벤션센터에서 개최되어 전 세계 약 200여 명의 중력파 연구자들이 한국으로 모여 심도 있는 논의가 있었다. 특히 이 회의에서는 어드밴스드 라이고와 어드밴스드 버고, 리사 길잡이 위성에 관한 보고가 큰 관심을 끌었으며, 레이저 간섭계 방식이 아닌 차세대 중력파 검출기의 연구발표도 이어져서 참석한 석학들의 큰 관심을 끌었다. 이 학술회의는 비교적 늦게 시작한 한국의 연구진이 유치한 중력파 분야 최초의 학술회의였다.

KGWG는 현재 2개의 국가 연구소와 6개의 국내 대학으로 구성된 약 30여 명의 연구진으로 구성된 컨소시엄 형태의 개방형 연구조직이다. 주로 라이고의 데이터 분석연구와 카그라의 데이터 분석과 실험기기 연구, 그리고 데이터 분석에 필요한 계산용 자원을 제공하고 중력파 데이터의 허브를 제공하는 목적으로 연구를 수행 중이다. 또한 KGWG는 현재 가동되거나 준비되는 중력파 검출기에 대한 기여뿐만 아니라 차세대 중력파 검출기에 대한 연구와 개념설계 등을 병행하여 수행하고 있다. 현재의 레이저 간섭계형 중력파 망원경과는 다른 개념의 중력파 검출기로 더욱더 풍부한 중력파원들을 검출할 수 있는 가능성에 대해 연구하고 있다. 현재까지 국내에 중력파를 직접 검출할 수 있는 관측시설이 전무하나, 라이고 과학협력단과 카그라 협력단에서 주도적으로 프로젝트를 진행하고 있고, 미래에 독자적인 중력파 관측시설에 대한 투자와 연구가

그림32 한국중력파연구협력단의 공식 로고(위). 태극문양은 회전하는 밀집 쌍성계와 이로부터 방출되는 중력파를 상징한다. 아래 사진은 제5차 한-일 카그라 워크숍에 참석한 한국중력파연구단 회원과 일본 카그라 협력단 회원들이다(2013년, 서울대학교). [한국중력파연구협력단 제공]

기대되는 유망한 분야라고 할 수 있다.

　최근 한국중력파연구단에서 연구 중인 유망한 제안 중 하나는 기존의 레이저 간섭계 중력파 검출기와는 다른 개념의 중력파 검출기에 관한 것이다. '소그로SOGRO, Superconducting Omnidirectional Gravitational Radiation Observatory'[5]라 이름 붙여진 이 모델은 초전도 양자간섭계SQUID, superconducting quantum interference device를 이용한 중력구배측정기gravity gradiometer이다. 지구상의 중력구배 잡음을 측정하고 이 속에 포함된 중력파를 검출하고자 하는 장치이다. 원래 중력구배측정기는 중력위치에너지의 변화를 측정하는 장치로서 이미 광물자원이나 석유탐사 등에 사용되고 있다. 이 장비의 민감도를 높여서 중력위치에너지의 변화를 측정할 때 중력파가 포함되어 있다면 이 중력파를 검출해낼 수 있다. 라이고가 4킬로미터나 되는 긴 팔 길이와 넓은 부지가 필요한 반면, 소그로는 대략 10미터에서 100미터 정도의 크기만으로도 효율적인 민감도에 도달할 수 있다.

　이 검출기가 목표로 하는 관측 목표 주파수 대역은 라이고나 리사 검출기가 미치지 못하는 중간영역인 0.1~10헤르츠 대역이다. 그리고 이 대역에서 중력파의 파원은 백색왜성 쌍성계나 중간질량 블랙홀 쌍성계 등이 방출하는 중력파에 해당한다. 그러나 이 검출 주파수 대역에서는 중력구배 잡음, 특히 레일리파Rayleigh wave에 의한 잡음이나 인프라사운드파infrasound wave에 의한 잡음 등을 어떻게 효과적으로 줄일 수 있는지에 대한 연구가 필요하여 이러한 주제들에 대한 기술적인 성취를 목표로 연구를 진행 중이다.[6]

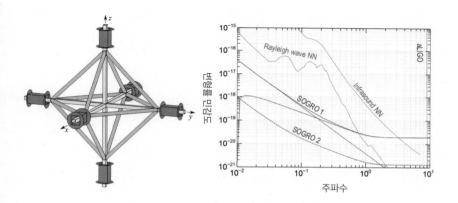

그림33 소그로 검출기의 개념도(왼쪽)와 소그로 검출기의 민감도 곡선(오른쪽).

중력파와 나

필자가 학창 시절 탐독했던 천문학 관련 도서 중 두 번째로 구입하여 읽었던 책은 항성천문학, 특히 쌍성과 변광성 등을 주로 다룬 과학도서인 『별의 물리』라는 책이었다. 그때가 중학교 1학년경이었던 것으로 기억하는데, 그 책은 1974년에 초판이 발행된 도쿄대학교 천문학과 교수인 기타무라 마사토시北村正利* 교수의 일반인을 위한 천문학 개론서였다(1976년에 개정판이 발행되었다). 국내에는, 현재 서강대학교 명예교수이자 필자의 은사님이신 김영덕 교수님의 번역으로 전파과학사에서 1981년에 출간되었다. 1974년은 앤터니 휴이시가 펄서의 발견으로 노벨 물리학상을 수상한 해였다. 실제 이 문고판 책에서도 이 발견에 대해 소개하고 있었기에 당시로는 최신의 발견에 대해 언급한 책이었다. 이 책에서는 중력파와 관련해서 다음과 같이 쓰고 있었다.

> 1969년 웨버는 1,660헤르츠의 진동자를 사용해서 중력파로 인해 일어나는 진동을 관측하는 데 성공했다. 천체로부터 맥동하는 중력파 신호를 발견한 것은 특기할 만한 사실이었다. 관측 장치는 매우 정밀한 것이

---

* 2012년에 작고한 일본의 천문학자로, 주로 근접쌍성에 관한 연구를 했다.

었는데 실제로 관측한 진동자의 움직임은 40조 분의 1센티미터 정도밖에 안 되었다. 진동자가 움직이는 방향에서 중력파 맥동의 발생 방향을 알아보니 대충 우리 은하의 중심 쪽이었다. 1,660헤르츠라는 높은 진동수의 중력파를 설명하기 위해서 어떤 학자는 블랙홀의 중력붕괴를 들고 나왔지만, 결정적인 것은 알려지지 않았다. 중력파 천문학은 이제 막 시작하려는 참인 것이다.[1]

지금에 와서 다시 읽어보면 매우 흥미로운 것은, 이 책이 쓰인 1974년 당시에 학계에서 이 웨버의 발견이 아직 성공적이라고 믿고 있었다는 점을 엿볼 수 있다는 점이다. 그리고 이미 '중력파 천문학'이라는 분야의 태동이 가능할 것이라는 예측이 당시에 있었다는 점 역시 흥미롭다. 그러나 1974년은 웨버의 발견에 대한 학계의 검증과 실험이 한창이던 해였고, 웨버에게 케이오 펀치를 날렸던 리처드 가윈이 웨버와 상대론학회에서 만나서 불꽃 튀는 논쟁을 벌이던 해였으며, 현재 라이고 프로젝트를 있게 했던 라이너 와이스가 오늘날 라이고 레이저 간섭계의 토대가 되었던 1974년 보고서를 제출하던 해였다.

필자가 중학교에 입학했던 해가 1985년이었으니, 아마도 1981년에 번역되어 국내에 첫 소개된 이 책을 읽고 이 발견소식을 알게 되었던 최초의 중학생이 아니었을까 한다. 비록 이 책을 읽고 있었을 당시, 이미 웨버의 발견은 학계에서 배척을 받고 있었고, 2년 뒤 1987년 초신성 사건이 기다리고 있었으며, 라이고와 더불어 독일에서도 영국과 합작한 지오 중력파 검출기가 제안되었던 때였지만, 국내에서는 이러한 사건들과 연구의 흐름에 대해 소개해줄 변변한 서적조차 없었다.

필자가 중력파 검출의 연구 소식을 다시 접한 것은 2008년 한국중력파연구협력단이 결성되고 라이고 과학협력단에 가입을 하면서부터였다. 이미 라이고는 궤도에 올라 다섯 번째 과학가동을 수행하고 있었고, 그 조직은 점차로 성장하고 팽창을 꾀하고 있었다. 이때 비로소 국내에서도 연구진들이 결집하여 중력파에 대한 관심과 그 검출을 통한 새로운 천문학의 가능성에 대해서 인식하기 시작했다. 2009년 부다페스트에서 열렸던 라이고-버고 연례총회에서 한국 연구진은 정식으로 가입승인이 이루어지고 본격적으로 중력파를 위한 데이터 분석연구를 시작으로 첫발을 떼게 되었다.

라이고-버고 과학협력단과 카그라 협력단에 참여하여 연구해온 기간 동안 라이고 중력파 검출기와 카그라 검출기의 현장을 방문하면서 받았던 가장 큰 인상은 오로지 부러움뿐이었다. 미국과 일본이 독자적인 기술로 과학기기들을 설계하고, 건설할 수 있는 환경과 그것을 지지해주고 투자해주는 국가적 역량에 대한 부러움은, 그 현장에서 오로지 과학적 목표의 성취를 위해서 협력하고 노력하는 연구자들에 대한 부러움으로 이어졌다. 거대과학이라는 분야가 기초적이며 순수한 학문적 목표를 이루고자 관측기기를 발전시켰고, 부가적으로 공학과 응용과학의 발전을 견인했다.

이렇게 우리 생활에 직접적인 혜택으로 이어지는 것은 현대과학이 발전하는 과정에서 필연적으로 발생하는 파급효과인 것이다. 그것은 미국과 유럽 등의 과학 선진국들이 그동안 국민의 세금으로 꾸준히 의미 있는 과학적 투자를 거듭해왔고, 그 사실들이 국민들에게 올바른 투자로 인식되어 과학의 발전이 미래의 우리에게 필수적으로 윤택한 삶을 주리라는 믿음이 뿌리 깊이 박혀 있기 때문일 것이다. 이것이 필자가 느껴온 깊은 곳에 내재된 부러움의 본질이며 '과학에 대한 믿음과 인식'이다. 이러한 것들이 하나둘씩 수십 년간 축적되어 빛을 발하는 것이 바로 그 나라가 가진 과학적 저력이며, '노벨상'의 영예와 영광으로 자연스럽게 이어지는 것이 아닐까 한다.

중력파와 우리

라이고나 카그라와 같은 지상 기반 중력파 검출기는 천체현상을 관측하는 관측소의 역할만이 가능한 것은 아니었다. 현재 건설되어 있는 라이고-버고와 같은 레이저 간섭계 중력파 관측소는 지구상에서 현존하는 가장 민감한 지진 진동계이다. 그래서 천문관측의 역할뿐만 아니라 지구물리학 혹은 기상학 관측 등에도 활용될 수 있는 좋은 관측기기이기도 하다. 지구상의 어떠한 진동도 가장 먼저 민감하게 관측이 가능하기에 지진이나 쓰나미, 심지어는 인공적인 폭발 실험 등의 진동도 검출이 가능하다.

　실제 카그라 검출기는 원래의 중력파 검출 간섭계 옆에 작은 규모의 지구물리학 실험을 위한 검출기를 추가로 설치할 계획이 있다고 한다. 또한 라이고의 중력파 데이터도 향후 차례로 일반과 다른 분야의 과학자들에게 공개할 계획이다. 현재 여섯 번째의 과학가동의 데이터까지가 일반에 공개된 상태인데, 이 데이터들은 지구물리학 등의 분야에서 유용하게 사용될 수 있을 것으로 생각된다. 라이고 인도가 추진되는 동안에도 이러한 이유 때문에 인도 내각과의 데이터 공개 문제로 인한 약간의 진통이 있었다. 데이터의 공유와 저장 문제에 있어서 인도 정부에 민감한 사항들에 대해서 전면적으로 직접 공개하기를 꺼렸다. 이 부분을 조율하고 조정하는 데 상당한 시간이 걸린 만큼 라이고의 지진 진동 데이터는 여러 방면에 활용 가능성을 가지고 있다.

라이고의 데이터뿐만 아니라 이 검출기를 건설하는 기술적인 부분 역시 현재 최첨단의 공학과 과학기술이 집약된 집합체이다. 어드밴스드 라이고에 설치된 고출력 레이저 역시 지구에 존재하는 가장 강력하고 순도가 높은 안정화된 레이저 광선이며, 라이고의 테스트질량 거울의 표면 가공기술도 최첨단의 기술력을 접합시켜 탄생한 산물이다. 이러한 가공기술과 레이저 제조기술들은 산업의 다방면에 초정밀 공학을 이용해 활용이 가능하다. 카그라 검출기에 사용되는 극저온 기술도 수십 년간을 발전시켜온 현대 과학의 총아이며, 이들이 우리의 생활과 산업에 사용될 가능성은 무궁무진하다.

현재 라이고나 e-리사와 같은 레이저 간섭계형 중력파 검출기는 그 구조가 최적의 조건을 가지는 검출기기들은 아니다. 이것들이 제안될 당시 가장 가능성이 높은 공학기술들의 수준에서 가장 나은 선택을 한 검출기의 모델일 뿐이었다. 실제로 당시로서도 몇 가지 다른 형태의 중력파 검출기의 제안들이 있었고, 경쟁적인 모델들이 나타나고 사라졌다. 현재에는 이미 해결되었지만 당시에는 심각한 기술적인 문제였기 때문에 사라졌던 것이다. 따라서 오늘날에 역시 이 간섭계형 구조를 뛰어넘는 중력파 검출기 모델을 제안하여 실현하는 것은 충분히 가능하다. 레이저 간섭계가 가지는 한계를 넘어서는 중력파 검출기의 모델이 얼마든지 제안될 수 있고 실용화될 가능성도 항상 존재한다. 실제로 이러한 제안과 가능성을 위해서 매년 레이저 간섭계와는 다른 구조와 원리를 가지고 고유의 과학적 목표를 지향하는 중력파 검출기에 대한 논의를 하는 학술회의도 개최되고 있다. 이런 관점에서 대형 레이저 간섭계를 보유하고 있지 못한 우리나라도 이러한 틈새시장을 공략하여, 과학적으로 의미가 있고 주도권을 확보하고 과학적 성취를 이뤄낼 수 있는 중력파 검출기의 제안과 연구를 시작할 수 있는 가능성은 얼마든지 열려 있다.

라이고와 같은 중력파 검출 프로젝트는 물리학에서 시작한 프로젝트가 새로운 천문학과 물리학의 지평을 여는 가능성을 열어준다는 점에서 매우 이채로운 의미를 가진다. 필자가 참석했었던 라이고-버고 연례총회에서 라이고 과학협력단의 대변인이었던 데이비드 라이체 교수가 중력파 검출 실험을 위한 모든 분야의 프로젝트들이 순조롭게 진행되고 있음에 고무되어 한 말이 잊히지 않는다.

"우리는 모두 천문학자가 되어가고 있다(We are becoming astronomers)."

마치 광학의 지식과 기술을 동원해 제작된 망원경이 우주를 관측하는 데 널리 이용되며 천문학에 기여한 것처럼, 물리학과 공학 기술이 총동원되어 제작된 라이고 중력파 검출기가 중력파의 최초 관측을 넘어서 일상적인 수준의 관측을 이끌어 새로운 천문학의 장을 열게 될 것이라는 의미였다. 라이고 중력파 검출기가 처음 시작단계부터 실험시설experimental facilities이 아닌 천문대observatory라 이름 붙여진 이유이다.

이제 인류는 아인슈타인이 그 존재를 예견한 지 거의 100년이 다 되어서야 중력파를 직접적으로 확인할 수 있었다. 그 공로는 미국이 주도한 라이고 프로젝트와 이 임무를 수행한 라이고-버고를 비롯한 전 세계의 과학협력단에게 돌아갔다. 한편으로는 라이고라 부르는 레이저 간섭계 프로젝트와 더불어 그 이전의 웨버 바 검출기부터 꾸준히 지원과 투자를 아끼지 않아온 미국의 기초 과학 투자에 대한 저력을 다시 한 번 보여준 사건이 되었다.

중력파의 최초 발견은 그 자체로도 과학사에 커다란 획을 긋는 발견이다. 아마도 가까운 미래에 이 발견이 확증된다면, 노벨상을 수상할 만한 가치를 지니고 있다는 데에 누구도 이견이 없을 것이다. 그러나 이 발견이 미래에 가져올 그보다 더 큰 잠재력은 노벨상 수상 이상의 가치를 가지고 있다. 향후 중력파로 인해 베일을 벗게 될 천문학과 천체물리학의 수많은 발견은 우리가 이해하는 우주에 대한 지평을 넓혀줄 것이다

중력파와 함께할 미래

필자가 이 책의 출간을 위해 처음 초고를 보낸 것이 2015년 9월 9일이었다. 초고에 포함된 내용은 어드밴스드 라이고의 관측개시에 초점을 맞추어서 중력파 검출 실험의 현재까지의 노력과 현황, 그리고 중력파 천문학의 미래를 소개하는 것이었고, 제5장의 중력파의 발견과 관련된 내용은 빠져 있었다. 초고를 출판사에 보내고 5일 뒤 믿기지 않는 상황이 발

생했다. 중력파의 강력한 후보가 발견된 것이었다. 이 이벤트의 분석 내용을 따라가며 흥미롭게 관찰하던 필자는 그로부터 한 달이 지나고 어느 정도 명확한 발견으로 귀결되어가던 시점에서 출간 계획을 수정하지 않을 수 없었다. 발견과 관련된 극적인 소식을 새롭게 전달하기 위하여 추가 원고를 써내려갔다. 라이고 과학협력단 내에서의 엠바고로 인해 발견과 관련된 사실들을 편집부에 구체적으로 적시할 수는 없었지만, 출간의 시기와 맞물려 추가로 보강된 내용이 필요하다는 정도로 양해를 구했다.

과학적으로 중요한 발견에 대한 보고가 거의 실시간으로 기술되어 출간되는 책으로는 아마도 이 책이 거의 처음이 아닐까 한다. 사초史草를 작성하는 사관史官과 같은 마음으로 교환되는 서신, 공유되는 분석 자료들은 신중하게 검토되고 요약되었다. 비록 필자가 제1 관측가동 중에 어드밴스드 라이고 리빙스턴 관측소의 데이터 품질을 모니터링하는 임무 Data Quality Shift를 수행하는 중이어서 집필하는 시간들이 녹록지 않았지만, 오히려 검출기 상태를 이해하는 것이 발견된 중력파 이벤트와 어드밴스드 라이고의 가동 상황을 이해하는 데 많은 도움을 주었다. 전화회의와 온라인 세미나 등이 겹친 때에는 많게는 일주일에 다섯 차례의 야간 전화회의에 참석했기 때문에 주말에는 부족한 잠을 보충하느라 놀아달라는 딸아이의 원성이 자자할 때도 있었다.*

일반상대성이론 100주년을 기념하기 시작한 2015년부터 전 세계

---

* 겨울철의 야간 전화회의는 한국에서는 참석이 쉽지 않다. 일광시간절약제가 해제되는 시점이기 때문에 보통 전화회의는 한국시간으로 새벽 1시나 2시경에 시작된다.

적으로 너무도 많은 사건들이 있었다. 5년간의 업그레이드를 마친 어드밴스드 라이고가 관측을 시작했고, 우주 중력파 검출기의 시작을 알리는 리사 길잡이 위성이 성공적으로 발사되었다. 크고 작은 일반상대론 100주년 기념 학술대회가 개최되었고, 일본의 카그라 중력파 프로젝트의 총책임자인 가지타 다카아키 교수가 노벨상을 수상했다.* 아울러 카그라 중력파 검출기가 완성되어 11월에는 공식적인 개소식이 있었다.

한국에서는 영화 〈인터스텔라〉의 열풍 속에서 라이고 프로젝트의 제창자인 킵 손 교수가 초청되어 강연을 가졌고, 그 후 한 달 뒤에는 처음으로 중력파에 관한 국제학술대회인 '에도아르도 아말디 중력파 국제학회'가 광주에서 개최되었다. 일반상대론과 중력파에 관한 많은 기고문과 기사들이 언론 매체를 장식했고, 일반상대론 100주년 특집 방송 등이 기획되고 방송되었다. 그만큼 대중에 대한 관심도 커졌으리라 생각한다. 그리고 그중 가장 큰 사건은 단연 어드밴스드 라이고가 검출에 성공한 최초의 중력파 신호일 것이다. 재미있는 또 하나의 우연은 이 발견을 공식적으로 공유하고 축하하는 2016년의 첫 라이고-버고 연례총회 일자가 아인슈타인의 생일인 3월 14일이라는 것이었다.

첫 번째 어드밴스드 라이고의 관측은 중력파의 최초 발견을 넘어서 이제 중력파 천문학의 중요한 첫발을 떼게 된 것이다. 두 번째, 세 번째로 이어지는 관측은 더 많고 풍부한 중력파원을 발견하게 될 것이다. 이

---

* 비록 노벨상 수상 업적은 중성미자 실험에 관한 것이었지만, 그 덕분에 일본의 카그라 중력파 검출 프로젝트도 더불어 주목을 받는 계기가 되었다.

미 첫 가동에서 발견된 블랙홀 쌍성으로부터 방출된 두 건의 중력파 신호는 향후 관측 가능한 블랙홀 쌍성으로부터 발생하는 중력파의 관측 확률이 매우 높다는 것을 의미한다. 어드밴스드 라이고의 민감도는 앞으로 2020년까지 더욱 향상될 것이다. 그리고 그 시점에서 어드밴스드 버고, 카그라, 라이고-인도 등이 가세하여 중력파 네트워크 관측을 연중 상시로 하게 된다면, 중성자별 쌍성이나 초신성 폭발체 등의 다양한 중력파원의 관측이 일상화되는 수준에 도달할 것이다.

그때가 되면 이제 중력파의 최초 발견을 넘어서서 중력파를 이용해서 우주를 이해하고, 현재 미해결된 수수께끼로 남아 있는 다양한 천체물리학과 천문학의 발견을 이끌게 될 '중력파 천문학'의 시대가 도래하게 될 것이다. 그리고 미래에는 라이고와 같은 레이저 간섭계 방식을 넘어서는 새로운 개념의 차세대 중력파 망원경 등이 제안되고 건설되어 중력파 천문학을 더욱 풍성하게 해줄 것이다. 이 책을 읽고 미래에 중력파 천문학에 헌신하게 될 어린 학생들의 활약이 기대된다.

주

프롤로그

1. http://ko.wikipedia.org/wiki/입자의_목록

2. H. Bondi, "Negative Mass in General Relativity", Rev. Mod. Phys. 29, 423 (1957); W. B. Bonner, "Negative Mass in General Relativity", Gen. Rel. Grav. 21, 1143 (1989); R. L. Forward, "Negative Matter Propulsion", J. of Propulsion and Power, 6, 28 (1990).

제1장

1. U. Le Verrier (1859), (in French), "Lettre de M. Le Verrier à M. Faye sur la théorie de Mercure et sur le mouvement du périhélie de cette planète", Comptes rendus hebdomadaires des séances de l'Académie des sciences (Paris), vol. 49, 379 (1859).

2. The Times of London, 9 November 1943, "Revolution in science—New theory of the Universe—Newtonian idea overthrown"

3. I. I. Shapiro, "Fourth Test of General Relativity", Physical Review Letters, 13, 789 (1964).

4. A. Einstein, "Näherungsweise Integration der Feldgleichungen der Gravitation", Sitzungsberichte der Königlich Preussischen Akademie der Wissenschaften Berlin. part 1: 688 (1916); A. Einstein, "Über Gravitationswellen", Sitzungsberichte der Königlich Preussischen Akademie der Wissenschaften Berlin. part 1, 154 (1918).

5. D. Kennefick, "Controversies in the History of the Radiation Reaction Problem in General Relativity", H. Goenner, J. Renn, J. Ritter, T. Sauer (eds): The Expanding Worlds of General Relativity (Birkhäuser, 1998); D. Kennefick, "Einstein versus the Physical Review", Physics Today 58 (9), 43 (2005).

6. A. Einstein and N. Rosen, "On Gravitational Waves", Journal of the Franklin Institute 223, 43 (1937).

7. H. Bondi, "Plane gravitational waves in general relativity", Nature 179, 1072 (1957); J. Weber and J. Wheeler, "Reality of the cylindrical waves of Einstein and Rosen", Rev. Mod. Phys. 29, 509 (1957).

8. J. Centrella, J. G. Baker, B. J. Kelly, and J. R. van Meter, Rev. Mod. Phys. 82, 3069 (2010).

9. J. D. E. Creighton and W. G. Anderson, "Gravitational-Wave Physics and Astronomy: An Introduction to Theory, Experiment and Data Analysis", Weinheim, Germany: Wiley-VCH (2011).

제2장

1. J. Weber and J. Wheeler, "Reality of the Cylindrical Gravitational Waves of Einstein and Rosen", Rev. Mod. Phys. 29, 509 (1957).

2. J. Weber, "Detection and Generation of Gravitational Waves", Phys. Rev. 117, 306 (1960).

3. J. Weber, "Gravitational Radiation", Phys. Rev. Lett. 18, 498 (1967).

4. J. Weber, "Gravitational-Wave Detector Events", Phys. Rev. Lett. 20, 1308 (1968).

5. J. Weber, "Evidence for Discovery of Gravitational Radiation", Phys. Rev. Lett. 22, 1320 (1969).

6. "The data justify the conclusion that gravitational radiation has been discovered."

7. G. W. Gibbons and S. W. Hawking, "The theory of the detection of short bursts of gravitational radiation", Phys. Rev. D4, 2191 (1971).

8. Marcia Bartusiak, "Einstein's Unfinished Symphony: Listening to the Sounds of Space-Time", Joseph Henry Press (2000).

9. the physics arXiv blog: http://arxivblog.com/?p=1271
e-print arXiv:0903.0252 http://arxiv.org/abs/0903.0252

10. O. D. Aguiar, "Past, present and future of the Resonant-Mass gravitational wave detectors", Research in Astronomy and Astrophysics, Vol. 11, 1 (2011).

11. C. W. F. Everitt, W. M. Fairbank, and W. O. Hamilton, "Relativistic Gravitational Experiments in Space", Proceedings of the Relativity Conference, M. Carmeli, S. I. Fickler, and L. Witten, (Eds.), Plenum Press, New York, 145 (1970).

12. L. Ju, D. G. Blair, and C. Zhau, "Detection of Gravitational Waves", Reports on Progress in Physics 63, 1317 (2000).

13. http://igec.lnl.infn.it

제3장

1. R. L. Forward, "Multidirectional, Multipolarization Antennas for Scalar and Tensor Gravitational Radiation", Gen. Rel. Grav. 2, 149 (1971).

2. R. V. Wagoner and H. J. Paik, "Multi-Mode Detection of Gravitational Waves by a Sphere", in Proc. Int. Symposium on "Experimental Gravitation", ed. B. Bertotti, Acc. Naz, dei Lincei, Roma, 257 (1977).

3. S. M. Merkowitz and W. W. Johnson, "Spherical Gravitational Wave Antennas

and the Truncated Icosahedral Arrangement", Phys. Rev. D51, 2546 (1995).

4. http://www.minigrail.nl

5. M. E. Gertsenshtein and V. I. Pustovoit, "On the detection of low frequency gravitational waves", Sov. Phys. - JETP 16 433 (1962).

6. G. E. Moss, L. R. Miller, and R. L. Forward, "Photon-Noise-Limited Laser Transducer for Gravitational Antenna", Appl. Opt. 10, 2495 (1971).

7. H. Collins, "Gravity's Shadow", Chapter 17, pp. 273-274 (2004).

8. H. Collins, "Gravity's Shadow", Chapter 17, pp. 278-279 (2004).

9. C. Misner, K. S. Thorne, and J. A. Wheeler, "Gravitation", p. 1014 (1970).

10. R. Weiss, P. Saulson, and P. Linday, 1983.

11. D. Christodoulou, "Nonlinear nature of gravitation and gravitational wave experiments", Phys. Rev. Lett. 67, 1486 (1991).

12. K. Thorne, "Gravitational-wave bursts with memory: The Christodoulou effect", Phys. Rev. D45, 520 (1992).

제4장

1. S. Fairhurst, "Improved source localization with LIGO India", Proceedings of ICGC2011 conference, arXiv:1205.6611 [gr-qc] (2012).

2. http://www.einsteinathome.org

3. The LIGO Scientific and the Virgo Collaborations, "Einstein@Home all-sky search for periodic gravitational waves in LIGO S5 data", Phys. Rev. D87, 042001 (2013).

4. A. Lazzarini, "LIGO: Initiating the Advanced Detector Era for Gravitational Wave Astrophysics", Shanghai Eastern Forum on Science & Technology, Shanghai, China, 13 October 2014.

제5장

1. T. Damour, "1974: the discovery of the first binary pulsar", Class. Quantum Grav. 32, 12 (2015)

제6장

1. 프레드 왓슨 저, 장헌영 역, 『망원경으로 떠나는 4백년의 여행』, 사람과책 (2007).

2. GWIC, "The future of gravitational wave astronomy", The Gravitational Wave International Committee Roadmap (2010).

3. C. W. F. Everitt et. al. "Gravity Probe B: Final Results of a Space Experiment to Test General Relativity", Phys. Rev. Lett. 106, 221101 (2011).

4. https://www.skatelescope.org

5. H. J. Paik, C. Griggs, M. Moody, K. Venkatesware, H. M. Lee, A. Nielsen, E. Majorana, J. Harms, "Low-frequency Terrestrial Tensor Gravitational Wave Detector", Class. Quant. Grav. 33, 075003 (2016).

6. J. Harms and H. J. Paik, "Newtonian-noise Cancellation in Full-tensor Gravitational-wave Detector", Phys. Rev. D92, 022001 (2015).

에필로그

1. 기타무라 마사토시 저, 김영덕 역, 『별의 물리』, pp.189-190, 전파과학사 (1981).

라이고 관측소

2009년 라이고 리빙스턴 관측소를 방문했을 당시 필자가 직접 촬영한 사진들입니다.

라이고 관측소로 들어가는 입구. 앞에 보이는 차의 번호판이 'G Wave'로 된 차의 차주는 현재 라이고 대변인으로 있는 루이지애나 주립대학교의 가브리엘라 곤잘레즈 교수이다. 진동에 민감한 지역이라 가동될 시에는 약 시속 10마일 이하(약 시속 16킬로미터)로 운행할 것을 경고하는 간판이 붙어 있다

라이고 중앙관제실 모습. 각종 모니터링 소프트웨어와 전면에 보이는 민감도 곡선이 실시간으로 모니터링 된다.

라이고 검출기의 원시 데이터가 저장되는 클러스터.

라이고 검출기의 진공 챔버. 약 2~3미터의 높이이다.

라이고 검출기의 빔 분배기와 X방향 팔(앞쪽)과 Y방향 팔(오른쪽) 진공 튜브.

라이고 외부에서 본 Y방향 팔의 전경.

라이고 검출기의 부품들이 제작되고 시험되는 실험실.

라이고 원시 데이터가 조율을 마치고 저장되는 클러스터. 이곳의 데이터는 분석을 위해 Caltech, MIT의 클러스터들로 이동되어 저장된다.

라이고 리빙스턴 관측소에 있는 과학박물관. 중력파와 관련한 각종 실험교구들이 있어 학생들이 직접 체험해볼 수 있다.

중력파의 전달 원리를 체험할 수 있도록 만들어진 과학박물관 내의 교구 중 하나.

라이고 과학박물관 내부 전경. 각종 파동 및 라이고 검출기의 원리를 담은 부품을 체험할 수 있다.

라이고의 부품 중 하나인 테스트질량 거울의 모형(왼쪽)과 현의 정상파 진동을 실험하도록 만들어진 교구(오른쪽).

카그라 관측소

2014년 12월 일본 도야마 현 카미오카 산에 위치한 카그라 건설현장을 방문했을 당시 필자가 직접 촬영한 사진들입니다.

카미오카 산 카그라 검출기 근처에 위치한 연구동 건물.

카그라 검출기 입구에 설치를 위해 놓아둔 빔 튜브.

카그라 검출기로 들어가는 터널 입구. 약 1킬로미터 들어가도록 되어 있다.

카그라 검출기의 양팔이 건설될 터널. 가운데 부분이 빔 분배기가 들어설 자리이다. 2015년 현재 양쪽 3킬로미터의 팔 터널은 모두 완공된 상태이다

터널 내부에 설치를 위해 놓아둔 빔 분배기.

카그라에 설치될 진공 챔버. 라이고의 그것보다 약간 작게 설계되어 있다.

제7차 한-일 카그라 공동 워크숍에서 2015년 노벨물리학상 수상자이자 현 카그라의 총 책임자인 도쿄대학교의 가지타 다카아키 교수가 개회선언을 하고 있다(도야마대학교, 2014.12.19~20).

제7차 한-일 카그라 공동 워크숍의 모습(도야마대학교, 2014.12.19~20).

라이고 검출기의 연혁

연	월	내용
1970년대		중력파 검출 레이저 간섭계의 초기 단계 가능성 연구
1979년		미국과학재단의 간섭계 연구개발 연구비 지원(Caltech, MIT)
1989년	12월	미국과학재단에 라이고 건설 제안서 제출
1990년	5월	미국과학위원회 라이고 건설 승인
1991년	3월	라이고 프로젝트 건설을 위한 17개 주에서 19개 후보지 접수
1992년	2월	미국과학재단 라이고 건설지로 워싱턴 주 핸퍼드와 루이지애나 주 리빙스턴 선정
	5월	미국과학재단 칼텍과 라이고 협력협약 조인
1993년	여름	미국과학재단 심사위원이 라이고 기술현황 추천
1994년	7월	핸퍼드 건설 시작
	겨울	리빙스턴 건설 시작
1996년	10월	핸퍼드 진공 빔튜브 설치 시작
1997년	6월	첫 가공된 거울이 라이고에 접수됨
	7월	라이고 프로토타입 시범운행
	8월	핸퍼드 건물 승인 입주
1998년	5월	첫 완성품 거울이 라이고에 접수
	9월	40미터 간섭계 시험 운행
1999년	4월	거울 가공 시작
	6월	거울 코팅 완성
	11월	라이고 개소식
2000년	5월	핸퍼드 2킬로미터 간섭계 부품 설치 완료
2001년	12월	일곱 번째 엔지니어링 가동. 독일 GEO600과 루이지애나 바 검출기 시험가동
2002년	8월	첫 과학가동 데이터 수집(S1). 일본의 타마 검출기와 독일 GEO600과 협력가동
2003년	2~4월	두 번째 과학가동(S2). 일본의 타마 검출기와 협력가동
	11~12월	세 번째 과학가동(S3). 독일 GEO600과 루이지애나 바 검출기와 시험가동
2004년	가을	핸퍼드 검출기 설계 민감도 도달
2005년	2~3월	네 번째 과학가동 수행(S4)
	3월	라이고 설계 민감도 도달
	가을	어드밴스드 라이고 레이저 파워 시연
	11월	다섯 번째 과학가동 시작(S5)
2006년	1~12월	다섯 번째 과학가동 계속됨(S5)
	11월	라이고 과학교육센터 리빙스턴 관측소에 개소
2007년	1월	라이고-버고 협력 MOU체결
	2월	어드밴스드 라이고 펀딩계획에 예산편성
	5월	버고와의 협력 가동 시작
	10월	다섯 번째 과학가동 종료(S5)
2008년		어드밴스드 라이고 건설 시작
2009년		여섯 번째 과학가동 시작(S6)
2010년		여섯 번째 과학가동 종료. 초기 라이고 가동 종료. 어드밴스드 라이고 조립 시작
2014년	12월	첫 어드밴스드 라이고 시험가동
2015년	9월	어드밴스드 라이고 관측 시작(O1) / 9월 14일 첫 중력파 신호 확인
2016년	2월 11일	중력파 최초 검출 발표(워싱턴 D.C.)

한국중력파연구협력단KGWG 연혁

연	월	내용
2003년		서울대학교를 중심으로 한국중력파연구회 결성(회장 이형목)
2005년		한국과학기술정보연구원KISTI을 중심으로 한국수치상대론연구회 결성
2008년	8월	LSC 현 대변인인 가브리엘라 곤잘레즈 교수 초청 자문(APCTP 중력파 여름학교)
2008년	12월	한국중력파연구협력단Korean Gravitational-Wave Group, KGWG 공식 발족
2009년	1월	미국 라이고 리빙스턴, 루이지애나 주립대학, 위스콘신대학 방문 및 공동연구 협의
2009년	6월	KGWG 정관 제정
2009년	9월	라이고-버고 연례총회(부다페스트, 헝가리)에서 KGWG 회원 가입 승인
2010년	3월	라이고-버고 연례총회(아카디아, 미국)에서 KGWG MOU 조인
2011년	1월	KGWG와 카그라 공동협력 워크숍 개최(서울대학교)
2011년	4월	거대과학 융복합 포럼(중력파 검출기를 이용한 기초응용연구) 개최(서울 프레스센터)
2011년	8월	카그라 연례총회에서 카그라 회원가입 공식 승인(도쿄, 일본)
2012년	1월	제1회 한일 카그라 워크숍 개최(고려대학교)
2012년	5월	제2회 한일 카그라 워크숍 개최(도쿄대학교, 일본)
2012년	12월	제3회 한일 카그라 워크숍 개최(서강대학교)
2013년	1월	Gravitational Waves: New Frontier 학술대회 개최(서울대학교)
2013년	6월	제4회 한일 카그라 워크숍 개최(오사카시립대학교, 일본)
2013년	11월	제5회 한일 카그라 워크숍 개최(서울대학교)
2014년	6월	제6회 한일 카그라 워크숍 개최(일본 국립천문대, 일본)
2014년	12월	제7회 한일 카그라 워크샵 개최(도야마대학교, 일본)
2015년	6월	제11차 에두아르도 아말디 중력파 국제 컨퍼런스 개최(김대중컨벤션센터, 광주)
2015년	6월	제8회 한일 카그라 워크숍 개최(5·18교육관, 광주)
2015년	7월	KGWG-KISTI GSDC 공식 업무협약 조인(한국과학기술정보연구원, 대전)
2016년	2월 12일	중력파 최초 검출 한국 지역 기자회견(이비스 앰버서더 명동, 서울)

찾아보기

ㄱ

가속운동 29
가속팽창(우주의) 18
가윈, 리처드 79
가지타, 다카아키 164
갈릴레이, 갈릴레오 224
감마선 37
강착원반 234
강한 상호작용 15
개선된 라이고 156
검출 기대율 158
검출기 특성 147
게르텐슈타인 107
게성운 펄서 116
고속 푸리에 변환 79
공명 질량 검출기 105
과학가동 132
관측가동 164
광 분배기 138
광다이오드 136
광자 16
광자 산탄 잡음 147
구면 검출기 배열 107
구면형 중력파 검출기 105
구상성단 216
국립아르곤연구소 70
국립전파천문대 51
국제 펄서타이밍 배열 249
『굴절광학』 224

궁수자리 72
궁수자리 A 226
그레이스 데이터베이스 189
그레일 85
그리니치 표준시간 79
그린뱅크 전파망원경 249
극한질량비 회전체 235
근일점 27
글루온 16
글리치173
기기적 글리치 152
기번스, 개리 76
끈적한 구슬 논법 48

ㄴ

나노그라브 249
넝쎄 전파망원경 249
네오디뮴 야그 142
노틸러스 84
놀이터 분석 172
뉴턴 17
뉴턴의 만유인력의 법칙 41
니오베 85
니오븀 100

ㄷ

다섯 대학 전파천문대 51
다이슨, 프리먼 66
대마젤란운 86

대상 관측 167
대안 중력이론 114
대적도의식 혼천의 224
더글러스, 데이비드 79
더블유 맵 228
더블유, 지 보손 16
데시고 246
데이터 품질 교대근무 212
듀티 사이클 165
드레버, 로널드 81
등가원리 29
디-에스-티 지수 78
디키, 로버트 73

ㄹ

라이고 과학협력단 131
라이고 인도 165
라이고-버고 연례총회 171
레바인, 제임스 79
레버, 그로트 226
레브카, 글렌 35
레이저 간섭계 107
레이저 위상잡음 117
레이저66
레일리파 256
로그주입 201
로마 프리에타 지진 84
로버트슨, 하워드 퍼시 39
로벨 망원경 249
로젠 38
르베리에, 위르벵 27
리만, 베른하르트 30
리빙스턴 130
리사 246
리틀 그린 맨 49

리퍼셰이, 한스 224

ㅁ

마그네타 240
마르코니, 굴리엘모 226
마이컬슨 108
마이컬슨의 간섭계 108
마흐의 원리 118
맥스웰, 제임스 224
멀티메신저 천문학 169
메르코비츠 106
메이저 66
메티우스, 야코프 224
모리슨, 필립 80
몰리 108
몽블랑 중성미자 검출기 88
미 항공우주국 93
미국 물리학회 88
미국과학재단 92
미국지질조사국 212
미니그레일 106
미스너, 찰스 66
민감도 68
밀집 쌍성계 149

ㅂ

바 검출기 96
바데, 발터 45
바소프, 니콜라이 66
바이셉2 59
바콜, 존 126
배리시, 배리 126
백색왜성 53
버고 160
버고 협력단 131

벌칸 27
베른슈타인 108
베텔게우스 161
벨, 조셀린 49
벨연구소 73
변형률 45
병합 과정 45
보손별 242
보인크 169
보트, 로커스 123
복사-압력 잡음 117
본디, 허먼 47
봉투개봉 172
브라운 운동 117
브라헤, 튀코 223
브란스-디키 이론 73
블랙홀 54
블레어, 데이비드 98
「블루북」 122
비유클리드 기하학 30
비중계 114
빅 독 175
빅뱅 59
빛의 죔 상태 162

ㅅ

사중 편광 42
산탄 잡음 117
삼각측량법 175
삼중일치 관측 155
상온 공명 바 검출기 96
상자개봉 172
상태방정식 파라미터 242
상한한계 158
샤피로 시간지연 33

샤피로, 어윈 33
서보 제어 시스템 144
설계 민감도 154
세로 톨롤로 천문대 77
세이건, 칼 17
세티 앳 홈 170
소그로 256
손, 킵 72
솔슨, 피터 93
수성 27
수치상대론 55
순변 중력파원 55
슈퍼-카미오칸데 162
스미스소니언박물관 94
스칼라-텐서 이론 232
스펙트로그램 190
시간여행 18
시공간 29
시리우스 177
신호 대 잡음비 175
쌍성 펄서 51

ㅇ

아레시보 천문대 51
아르곤 이온 레이저 140
아인슈타인 26
아인슈타인 망원경 240
아인슈타인 앳 홈 프로젝트 169
아인슈타인의 장방정식 41
알레그로 84
알파 센타우리 46
암맹 주입 테스트 171
암맹주입위원회 171
암흑물질 232
암흑에너지 18

액체 헬륨 70
앤더슨, 필립 127
약한 상호작용 15
얀센, 자카리아스 224
양자역학 44
어드밴스드 라이고 6
에딩턴, 아서 스탠리 31
에스-케이-에이 249
에테르 108
에펠스베르크 전파망원경 249
엔지니어링 가동 184
여분의 차원 242
역학적 열잡음 117
연속 중력파원 57
열-구배 잡음 117
열잡음 98
오경보 비율 149
오리가 84
오스트라이커, 제리 125
오펜하이머, 로버트 66
와이스, 라이너 110
왕립천문학회 31
용융실리카 138
우주 끈 242
우주 마이크로파 배경복사 227
우주배경복사 60
우주선 물리학 118
우주선 잡음 117
워프항법 18
원시 데이터 146
원시 중력파 배경복사 59
원운동 29
웜홀 17
웨버 바 67
웨버, 조지프 65

웨스터보크 합성 전파망원경 249
윌슨, 로버트 227
유럽 지중해 지진센터 212
유럽 펄서타이밍 배열 249
음의 에너지 17
음의 질량 17
이중 편광 42
익스플로러 85
인력 17
인프라사운드파 256
인플레이션 59
일면통과 27
일반상대성이론 26
일본 국립천문대 162
일치 분석 69
입력 테스트질량 거울 138

ㅈ

자기장계 146
재커리아스, 제럴드 114
잰스키, 칼 72
적색 초거성 161
적색편이 31
전기장과 자기장 잡음 118
전류계 146
전자기 상호작용 15
전자기이론 225
전자기파 42
전자기파 후속관측 167
전천탐색 93
전파 33
전파천문학 72
전하 17
정합필터 149
제1비토 범주 150

제2비토 범주 152
제퍼슨 연구소 37
조율 오류 152
존슨, 워렌 84
중간질량 블랙홀 237
중력 15
중력구배 잡음 118
중력구배측정기 256
중력자 231
중력적색편이 35
중력탐사 B 위성 233
중력파 천문학 230
중성미자 88
중성자별 45
중성자별 쌍성 45
즈위키, 프리츠 45
지오 600 131
지진계 146
진공 빔 튜브 140
진공장치 136
진동 감소장치 139
진동 잡음 146
진폭 잡음 117
질량 25

추분점 172
추분점 이벤트 172
출력 테스트질량 거울 138

ㅋ

카그라 162
카그라 협력단 131
카미오카 162
카미오칸데 88
컨볼루션 149
케플러 초신성 86
케플러, 요하네스 224
코리아 앳 홈 170
코헤런트 웨이브 버스트 190
쿨롱의 법칙 17
퀘이사 233
크로스 편광 42
크리스토돌로, 데메트리우스 125
큰개자리 175
클리오 162

ㅊ

처녀자리 성단 45
처프 신호 55
처프 질량 175
초기 라이고 142
초신성 57
초신성 1987A 86
초전도 양자간섭계 256
초전도 초대형 충돌기 131
최단거리 30

ㅌ

타마 300 160
타운스, 찰스 66
타원 궤도운동 235
테슬라, 니콜라 226
테이트, 존 39
테일러, 조지프 49
트림블, 버지니아 93
특수상대성이론 26
틀 끌림 효과 233
티가 106

ㅍ

파동방정식 41

파브리-페로 간섭계 119
파브리-페로 공동 119
파운드, 로버트 35
파운드-드레버-홀 기법 120
파워 리사이클 거울 136
파인먼, 리처드 48
파크스 전파망원경 249
파크스 펄서타이밍 배열 249
파형 템플릿 149
파형 템플릿 은행 150
펄서 49
펄서 글리치 240
펄서타이밍 배열 248
페어뱅크, 윌리엄 84
펜지어스, 아노 227
편광 42
평균자유행로 227
포스트-뉴턴 근사 232
포워드, 로버트 107
표준촉광 241
푸스토보이트 107
프레스, 윌리엄 77
프로호로프, 알렉산드르 66
프린시페 섬 32
플랑크 59
플랑크 길이 44
플러스 편광 42

해밀턴, 윌리엄 84
핸퍼드 94
헐스, 러셀 51
헐스-테일러 펄서 7
헤르츠, 하인리히 225
헤이스타크 천문대 33
현가 진동 감소장치 136
호킹, 스티븐 76
홀, 존 120
후광 167
휠러, 존 아치볼드 66
휴이시, 앤터니 49

기타

LSC 펠로우 210

ㅎ

하드웨어 신호주입 144
한국과학기술정보연구원 252
한국수치상대론연구회 252
한국중력파연구협력단 253
한국중력파연구회 252
항성질량 블랙홀 236